5G关键技术与网络建设丛书

Key Technologies, Network Planning and
Design of 5G Wireless Access Network

5G无线接入网关键技术与网络规划设计

许锐 徐卸土 冯芒 钱小康 等 ◎ 编著

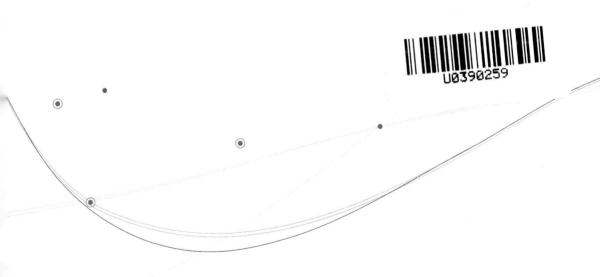

人民邮电出版社
北京

图书在版编目（CIP）数据

5G无线接入网关键技术与网络规划设计 / 许锐等编著. -- 北京：人民邮电出版社，2024.1
（5G关键技术与网络建设丛书）
ISBN 978-7-115-58769-5

Ⅰ. ①5… Ⅱ. ①许… Ⅲ. ①第五代移动通信系统－接入网－网络规划②第五代移动通信系统－接入网－网络设计 Ⅳ. ①TN929.538

中国版本图书馆CIP数据核字(2022)第048658号

内 容 提 要

本书从移动通信发展概况引出了 5G 网络的概念和标准进展，综述了全球 5G 频谱的使用情况和主要运营商的 5G 部署进展，梳理回顾了 5G 网络架构特点和无线接入网技术演进历程，接着对 5G 无线接入网大规模阵列天线、超密集组网（UDN）、新型多址等关键技术进行逐一介绍，然后从频率规划、覆盖规划、容量规划、服务质量评估、仿真、架构规划、OMC-R 与管理系统规划、共建共享 8 个方面详细论述了 5G 系统室外覆盖和室内覆盖的无线接入网规划方法，最后面向勘察设计，阐述了 5G 无线接入网设备选型、局站选址、局站勘察和设计等内容。

本书适合通信工程技术人员（尤其是 5G 无线接入网规划设计人员）、通信企业的管理和运营人员、通信设备厂商和研究机构的人员阅读，可作为大专院校通信专业教师和学生的参考书，也可作为通信技术培训的教材。

◆ 编 著 许 锐 徐卸土 冯 芒 钱小康 等
责任编辑 杨 凌
责任印制 焦志炜

◆ 人民邮电出版社出版发行 北京市丰台区成寿寺路 11 号
邮编 100164 电子邮件 315@ptpress.com.cn
网址 http://www.ptpress.com.cn
固安县铭成印刷有限公司印刷

◆ 开本：787×1092 1/16
印张：12.75 2024 年 1 月第 1 版
字数：270 千字 2024 年 1 月河北第 1 次印刷

定价：89.80 元

读者服务热线：(010)81055410 印装质量热线：(010)81055316
反盗版热线：(010)81055315
广告经营许可证：京东市监广登字 20170147 号

全球移动通信正在经历从 4G 向 5G 的迭代，5G 将以更快的传输速率、更低的时延及海量连接给社会发展带来巨大变革。作为构筑经济社会数字化转型的关键新型基础设施，5G 将逐步渗透到经济社会的各行业、各领域，将为智慧政府、智慧城市、智慧教育、智慧医疗、智慧家居等新型智慧社会的有效实施提供坚实基础。5G 将成为全球经济发展的新动能。

2020 年 5G 将进入大发展的一年，中国的 5G 建设正在快马加鞭，中国的运营商以 5G 独立组网为目标，控制非独立组网建设规模，加快推进主要城市的网络建设，2020 年将建设完成 60 万~80 万个基站，实现地级市室外连续覆盖、县城及乡镇有重点覆盖、重点场景室内覆盖。相信凭借中国自身力量和世界同行的支持，中国的 5G 网络将会成长为全球首屈一指的大网络、好网络和强网络。中国引领的不仅是全球 5G 的建设进程，而且技术实力也站在了全球前沿，在 5G 标准的确立方面，中国的电信运营商和设备制造商为 ITU 的 5G 标准制定做出了重要贡献。5G 将会对全球经济产生巨大的影响，据中国信息通信研究院《5G 经济社会影响白皮书》预测，2020 年 5G 间接拉动 GDP 增长将超过 4190 亿元，2030 年将增长到 3.6 万亿元。

在 5G 应用的开发方面，中国通信行业与各垂直领域的合作，也为全球 5G 发展提供了很好的范例。中国的 5G 必将为全球 5G 市场发展和推动中国与世界下一步数字社会及智慧生活建设发挥独特作用，产生深远影响。

上海邮电设计咨询研究院作为我国通信行业的骨干设计院，深入研究 5G 移动通信系统的规划设计和行业应用等相关技术，广泛参与国家、行业标准制定，完成了国家多个 5G 试验网、商用网的规划以及设计工作，在工程实践领域积累了丰富的经验，并在此基础上编撰了《5G 关键技术与网络建设丛书》，希望能为 5G 工程建设、5G 应用开发、5G 业务运营及管理等领域的专业技术人员提供重要的参考。

2020 年 7 月

推荐序二

5G 与物联网、工业互联网、移动互联网、大数据、人工智能等新一代信息技术的结合构筑了数字基础设施，数字基础设施成为新基建的重要支柱，而 5G 又是新基建的首选。5G 为社会治理、经济发展和民生服务提供了新动能，将催生新业态，成为数字经济的新引擎。

2020 年我国 5G 正式商用已满一年，中国将在全球范围内率先开展独立组网大规模建设，SDN、NFV、网络切片等大规模组网技术将开始验证，全方位的挑战需要我们积极应对。在 5G 网络建设方面，由于 5G 采用高频段，基站覆盖范围较小，需高密度组网以及有更多的站型，这些都给无线网规划、建设和维护带来了成倍增加的工作量和难度。Massive MIMO 与波束赋形等多天线技术，使得 5G 网络规划不仅仅需要考虑小区和频率等常规规划，还需增加波束规划以适应不同场景的覆盖需求，这使干扰控制复杂度呈几何级数增大，给网络规划和运维优化带来了极大的挑战。5G 作为新技术，系统更加复杂，用户隐私、数据保护、网络安全等用户密切关心的问题也在发展过程中面临着巨大的考验，发展 5G 技术的同时还要不断提升 5G 的安全防御能力。5G 网络全面云化，在带来功能灵活性的同时，也带来了很多技术、工程和安全难题。实践中还将要面对高频率、高功耗、大带宽给 5G 基站建设带来的挑战，以及因频率升高而引起的地铁、高铁、隧道与室内分布系统的设计难题。另外，目前公众消费者对 5G 的认识只是带宽更宽、速度更快，需要将其进一步转化为用户的更高价值体验才能扩大用户群。而行业的刚需与跨界合作及商业模式尚不清晰，行业主导的积极性还有待发挥。5G 对中国的科技与经济发展是难得的机遇，围绕 5G 技术与产业的国际竞争对于我们也是严峻的挑战，5G 的创新永远在路上。

上海邮电设计咨询研究院依据自身在通信网络规划设计方面的长期积累以及近年来对 5G 网络的规划设计的研究与实践，策划编撰了《5G 关键技术与网络建设丛书》。本丛书既有对 5G 核心网络、无线接入网络、光承载网络、云计算等关键技术的介绍，又系统地总结了 5G 工程规划设计的方法，针对 5G 带来的新挑战提出了一些创新的设计思路，并列举了大量 5G 应用的实际案例。相信该丛书能够帮助广大读者深入系统地了解 5G 网络技术。从工程规划设计与建设的角度解读 5G 网络的组成是本丛书的特色，理论与实践结合是本丛书的强项，而且在写作上还注意了专业性与通俗性的结合。本丛书不仅对 5G 工程设计与建设及维护岗位的专业技术人员有实用价值，而且对于从事 5G 网络管理、设备开发、市场开拓、行业应用的工程技术人员以及政府主管部门的工作人员都将有开卷有益的收获。本丛书的出版正好是我国 5G 网络规模部署的第一年，为我国 5G 网络的建设提供了十分及时的指导。5G 网络建设的实践还将更大规模地铺开与深入，本丛书的出版将激励关注网络规划建设的科技人员勇于创新，共同书写 5G 网络建设的新篇章。

2020 年 6 月于北京

丛书前言

数字经济的迅猛发展已经成为全球大趋势。作为新一代移动通信技术和新基建的重要组成部分,5G 将强有力地推动数字基础设施建设,成为数字经济发展的重要载体。而且,5G 技术还是一种通用基础技术,通过与云计算、大数据、人工智能、控制、视觉等技术的结合,深化并加速万物互联,成为构筑万物互联智能社会的基石。此外,5G 能够快速赋能各行各业,作为构建网络强国、数字国家、智慧社会的关键引擎,已上升为国家战略。

5G 产业链已日趋成熟,建设、应用和演进发展已按下快进键。国内外主流电信运营商均在积极推动 5G 部署,我国的 5G 建设也已驶入快车道。同时,5G 涉及的无线接入网、核心网、承载网等技术正在不断持续演进中,相关的标准化工作仍在进行。为了充分发挥 5G 对数字经济的基础性作用和赋能价值,需要不断掌握和发展 5G 技术,不断突破高密度组网、多天线、高频率、高功耗、多业务等带来的规划和建设挑战,加快 5G 网络建设和部署;此外,更要"建有所用",加快普及 5G 在各行各业中的融合与创新应用。

为此,作为国家级通信工程骨干设计单位之一的上海邮电设计咨询研究院有限公司,长期跟踪研究和从事移动通信领域相关的规划、设计、应用开发和系统集成等工作,广泛参与国家、行业标准制定,参与了我国多个 5G 试验网、商用网的规划、设计、建设等工作,开发部署了多个 5G 应用示范案例,在工程实践领域有着丰富的专业技术积累和工程领域经验。在此基础上,策划编撰了《5G 关键技术与网络建设丛书》,基于工程技术视角,深入浅出地介绍了 5G 关键技术、网络规划设计、业务应用部署等内容,为推动我国 5G 网络建设、加快 5G 应用落地积极贡献力量。

本丛书包括了《5G 核心网关键技术与网络云化部署》《5G 无线接入网关键技术与网络规划设计》《云计算平台构建与 5G 网络云化部署》《5G 承载网关键技术与网络建设方案》《5G 应用技术与行业实践》5 个分册,既对 5G 关键技术进行了详细介绍,又系统总结了 5G 工程规划设计的方法,并列举了大量 5G 应用的实际案例,希望能为 5G 工程建设、5G 应用开发、5G 业务运营及管理等领域的专业技术人员提供重要的参考。

冯武锋

2020 年 5 月于上海

前　言

2019 年中，随着我国 5G 商用牌照的正式发放，中国成为全球 5G 网络建设的引领者。2020 年年初，新冠疫情袭来，国际局势骤变，我国的 5G 网络建设和应用推进则以新基建的战略担当继续行驶在快车道上。作为通信行业的一员老兵，上海邮电设计咨询研究院有限公司经历了 2017 年启动的 5G 试验网、之后的国家示范网、各类业务应用示范、2019 年首期 5G 商用网、之后全国运营商二期网络的建设，承担了相关咨询、规划、设计及工程总包工作，并为各级政府机构制定了 5G 基站建设导则和相关基础设施建设滚动规划等指导性文件，负责行业和地方相关标准规范的编制，积累了 5G 网络建设的众多经验。

5G 无线接入网新型的组网架构、载波和频带使用、多天线和新型编码技术等，都对其部署提出了新的要求——包括无线信号传播能力影响的基站布局，大规模 MIMO、重耕影响的覆盖和容量，共享网络、NSA/SA 组网影响的协同性和演进性能，以及新形态组网和设备带来的承载和配套支持的新诉求，这些都需要无线接入网规划和设计方法的更新。

本书分 4 章展开论述，首先从移动通信发展概况引出 5G 网络的概念和标准进展，综述了全球 5G 频谱的使用情况和主要运营商的 5G 部署进展，梳理回顾了 5G 网络架构特点和无线接入网技术演进历程，落脚在 5G 无线接入网关键技术和 5G 组网方式分析上。第 2 章就 5G 无线接入网的大规模阵列天线、超密集组网（UDN）、新型多址等 11 项关键技术进行逐一介绍。第 3 章面向 5G 无线接入网规划，从频率规划、覆盖规划、容量规划、服务质量评估、仿真、架构规划、OMC-R 与管理系统规划、共建共享 8 个方面论述了 5G 系统室外覆盖和室内覆盖的无线接入网规划方法。最后一章面向勘察设计，阐述了 5G 无线接入网设备选型、局站选址、局站勘察和设计等内容，包含了无线接入网设计和对承载网、电源、土建等的配套需求。

在本书的编写过程中，作者团队梳理总结了多年来从事 5G 相关工作的经验，再度审视和深化了技术理解，也催生了对热点和难点问题的深入思考。上海邮电设计咨询研究院有限公司许锐、徐卸土、冯芒、钱小康、吴炯翔、章丽飞、陈波、曹华梁、王学灵、廖丽君、刘金玲、李昕、张志宏、臧桂才、董雨、赵智慧、孙玮共同参与了本书的编写，公司领导也给予了积极的指导和大力的支持，在此一并表示感谢！书中难免有诸多不确之处，恳请广大读者不吝指正！

编者

2023 年 9 月于上海

目　录

第 1 章

移动通信发展及无线接入技术演进

5G 作为新一代移动通信网络，不仅需要满足人们对超高流量密度、超高连接数密度、超高移动性的需求，能够为用户提供高清视频、虚拟现实、增强现实、云桌面、在线游戏等极致的业务体验，同时还要渗透到互联网的各个领域，与工业设施、医疗仪器、交通工具等进行深度的融合，实现"万物互联"的愿景，有效地满足工业、医疗、交通等垂直行业的信息化服务需要。此外，5G 还将满足网络灵活部署和高效运营维护的需求，大幅提升频谱效率、能源效率和成本效率，实现移动通信网络的可持续发展。

我国高度重视 5G 发展，把 5G 作为网络强国建设重点突破的领域。"十三五"规划明确指出，要积极推进 5G 发展，在 2020 年启动 5G 商用；"十四五"规划明确了要建成全球规模最大的移动通信网络，实现 5G 网络规模商用的目标。中央经济工作会议将 5G、人工智能、工业互联网、物联网定义为"新型基础设施建设"，5G 新基建成为后疫情时期经济建设的龙头引擎之一。2019 年 6 月 6 日工业和信息化部发放了 5G 商用牌照，标志着我国正式迈入 5G 时代，目前我国已位列全球 5G 网络规模和 5G 用户数之首，并造就了一批 5G 行业应用的典型案例。

本章先以无线接入技术演进为线索简要回顾我国 1G～4G 各代移动通信网络的发展概况，随后引出 5G 的提出背景、标准进展、频谱使用、主要技术特点和国内外部署进展等。

|1.1 移动通信发展概况|

1.1.1 1G～4G 技术发展与无线接入技术概述

1. 第一代模拟移动通信技术

第一代移动通信系统称为模拟窄带移动通信系统，采用频分多址（Frequency

Division Multiple Access，FDMA）技术，模拟指的是直接用模拟语音信号对无线射频载波进行频率调制（Frequency Modulation，FM），射频载波的频偏承载音频信号信息，窄带是指频道间隔较小（30kHz/25kHz/12.5kHz）。第一代模拟移动通信系统的终端体积较大，初期终端形态有车载和手持台两种。美国、瑞典、丹麦、芬兰以及英国、法国、德国这些发达国家各自为政，没有统一的国际标准。

模拟移动通信系统的主要制式有 3 种：美国的高级移动电话系统（Advanced Mobile Phone System，AMPS），北欧的北欧移动电话（Nordic Mobile Telephone，NMT）450/900，英国的全接入通信系统（Total Access Communication System，TACS）。除此之外，还有法国的 Radiocom2000、德国的 C-450。3 种主要的模拟移动通信系统技术特点见表 1-1。

表 1-1　主要的模拟移动通信系统技术特点

系统名称 / 技术特点		AMPS	TACS	NMT	
				450	900
工作频段（MHz）	上行	825～845	890～905	453～457.5	890～915
	下行	870～890	935～950	463～467.5	935～960
收发间隔（MHz）		45	45	10	45
频道间隔（kHz）		30	25	25	12.5
频道数		666	600	180	1999
基站最大发射功率（W）		100	100	50	100
移动台发射功率（W）		3	7～10	15（车载）	车载：6；手持台：1
语音调制方式		FM	FM	FM	FM
控制信号调制方式		FSK	FSK	FFSK	FFSK
控制信号码型		曼彻斯特	曼彻斯特	NRZ	NRZ
信号速率（kbit/s）		10	8	1.2	1.2

改革开放之初，我国的电子通信制造业相对落后，缺乏移动通信系统相关产业所必备的技术、设备、仪器仪表、人才，只能依赖进口国外产品。出于国际关系以及产业安全角度考虑，我国的电子工业一般选择欧洲的技术体系，如脉冲编码调制（Pulse Code Modulation，PCM），采用 32 位的 μ 率，中频滤波器采用 455kHz，频道间隔为 25kHz 等。20 世纪 80 年代初期，我国的通信业归原邮电部统一管理，各地邮电局负责邮政、电报、电话业务运营。1987 年 11 月 18 日，原邮电部在广州首先开通了 900MHz TACS，俗称"大哥大"。900MHz 模拟移动通信系统上下行 15MHz 频谱分为 A、B 两段，各占 7.5MHz 频谱资源，部分省使用摩托罗拉公司的基站和交换机建设 A 网，部分省使用瑞典爱立信公司的基站和交换机设备建设 B 网。刚开始时，移动电话跨地区移动只能使用人工漫游，由于摩托罗拉的交换机互联数量受限，为了解决自动漫游问题，在 A 网的省城建设了一套 B 网爱立信交换设备，于 1996 年实现了全国自动漫游，但 A 系统手机漫游到 B 系统时，需要在手机上进行 A、B 人工切换。

90 年代初期，军队为了支援地方通信建设，利用国家无线电委员会指配军用 800MHz 频点，先后在广州、深圳、中山、珠海、江门、南京、武汉、长沙等地建设了 AMPS，也称为长城网，AMPS 上下行 20MHz 带宽也分为 A、B 两段，国内长城网主要使用 825～835MHz/870～880MHz 的 A 段。

2. 第二代数字移动通信技术

第一代模拟移动电话存在容量小，安全保密性差（容易被盗打和窃听），只有语音通信，无法提供数据通信、短信等业务的弊端，而且终端不能实现国际漫游。

为了解决上述问题，美国开始了第二代数字移动通信系统的开发，美国主要考虑第一代和第二代的数模兼容问题，但在数字化进程中分为两条技术路线：一是数字式高级移动电话系统（Digital Advanced Mobile Phone System，D-AMPS）的时分多址接入（Time Division Multiple Access，TDMA）技术，即在现有的 30kHz 一个信道的基础上，上下行各分为 3 个时隙；二是码分多址（Code Division Multiple Access，CDMA）技术，即将原来 41 个 30kHz 的 AMPS 信道组成一个 1.23MHz 宽带载波，从 A 频段的最高频点往下到 283 频点重耕为第一个 CDMA 载波。由于技术力量分散，1991 年美国才确定 D-AMPS 规范，1995 年才完善 CDMA 技术规范。而欧洲各国地域小，国与国之间车辆和人员流动频繁，四分五裂的模拟系统难以满足欧洲各国之间交流合作所需的通信需求。1982 年欧洲邮电管理委员会（Confederation of European Posts and Telecommunications，CEPT）成立了一个移动特别小组（Group Special Mobile，GSM），后来 GSM 的全称改为全球移动通信系统（Global System for Mobile Communications，GSM），中国移动将其称为"全球通"。泛欧 18 国于 1991 年在丹麦哥本哈根签署谅解备忘录（Memorandum of Understanding，MOU），在欧洲电信标准组织（European Telecommunications Standards Institute，ETSI）的牵头下，集欧洲各国的通信业技术力量制定了完善的 GSM 规范，至 1995 年全球已有 69 个国家的 118 个单位参加了该 MOU，GSM 规范制定之初就考虑了国际漫游解决方案。

而日本在第二代移动通信系统的研制方面自成体系，制定了和美国及欧洲不同的日本数字蜂窝电话（Japan Digital Cellular，JDC）系统。20 世纪 90 年代初期，中国开始介入移动通信相关产业研发和制造，但仍无可商用的产品体系，依然采购进口 GSM 系统搭建移动通信网络，1993 年 9 月 19 日原邮电部在浙江嘉兴开通了第一个 GSM 数字移动电话网。1998 年华为的 GSM 系统在内蒙古通过了原邮电部的商用测试，1999 年 10 月在福建部署了第一个大规模的商用局。

中国政府就加入世贸组织和各国展开谈判，美国要求中国需开放通信运营市场。为了培育国内运营商的竞争力，首先在移动通信业务方面引入了竞争机制。1994 年 7 月 19 日，国务院批准成立了中国联合通信有限公司（中国联通），打破了移动电话电信业务垄断经营的局面。中国联通使用 GSM 第二代移动通信技术来搭建全国性的移动网络，国家无委为其指配了 909～915MHz/954～960MHz 上下行各 6MHz 带宽。1995 年，长城公司先后在上海、北京、广州、西安开通基于 CDMA（IS-95）技术的第二代移动通信系统。第二代 4 种移动通信系统的技术特点见表 1-2。

表 1-2　第二代 4 种移动通信系统的技术特点

系统名称 技术特点		GSM	D-AMPS	CDMA（IS-95）	JDC
工作频段（MHz）	上行	890～915	824～849	825～835	840～956/ 1429～1453
	下行	935～960	869～894	870～880	810～826/ 1477～1501
收发间隔（MHz）		45	45	45	30/48
频道间隔（kHz）		200	30	1230	25/50
多址方式		TDMA	TDMA	CDMA	TDMA
		8TS/200kHz	3TS/30kHz	64 码/1.23MHz	3TS/30kHz
频道数		124	832	7	640/960
基站最大发射功率（W）		40	100	20	20
移动台发射功率（W）		0.25～2	0.6～1.8	0.25	0.3～3
调制方式		GMSK	QPSK	QPSK（D）/ OQPSK（U）	$\pi/4$ QPSK
传输速率（kbit/s）		270.833	48.6	1.228	42
信道编码		1/2 卷积码	1/2 卷积码	Turbo	9/17 卷积码
语音编码速率（kbit/s）		13/9.6	—	8/13	6.7/4.5
编码规则		RPE-LPT	CELP	CELP	VSELP

1998 年，中国邮政电信总局拆分为中国电信与中国邮政两个业务板块，中国电信负责经营固定电话、TACS 模拟移动电话和 GSM 数字移动电话 3 张网络。2000 年，中国电信拆分移动和固话业务，成立中国移动通信集团公司和中国电信集团有限公司。同年，CDMA 网络被长城网络移交给中国联通，中国联通同时运营 GSM 和 CDMA 两大制式的移动网络。2001 年 6 月，中国移动的模拟 TACS 网络退网，腾出的频点用于 GSM 网络建设。

第二代数字移动通信采用 TDMA 或 CDMA 技术，GSM 使用了高斯最小频移键控（Gaussian Minimum Frequency-Shift Keying，GMSK）、CDMA 采用了正交相移键控（Quasi Phase-Shift Keying，QPSK）等新的调制技术，网络容量较第一代移动通信网络有所增大，抗干扰性增强，在接入鉴权流程中对关键信息进行加密，以及对通信语音信息进行加密，确保了用户通信内容的隐私安全，降低了终端设备成本，减小了终端设备体积和重量，使得第二代移动通信网络和技术得到了迅速发展。

为了与固网数据业务发展保持同步，第二代移动通信系统增加了短信和低速数据业务，GSM 可以提供 9.6kbit/s 的电路域数据业务，为了支持更高的数据传输速率，引入了分组核心网，推出了通用分组无线业务（General Packet Radio Service，GPRS）和 GSM 演进增强数据速率（Enhanced Data rate for GSM Evolution，EDGE）业务，下行峰值速率可达 171.2kbit/s 和 384kbit/s。cdma2000 的第一个版本为 Release 0，cdma2000 载波同时支持数据和语音业务，速率为 9.6kbit/s，最高数据下载速率可达 153.6kbit/s。

3. 第三代移动通信技术

第二代移动通信系统存在 4 种技术，不利于用户在不同系统间的国际漫游，1985 年国际电信联盟（International Telecommunications Union，ITU）提出研发未来公众陆地移动通信系统（Future Public Land Mobile Telecommunications System，FPLMTS），1996 年 FPLMTS 更名为国际移动通信 2000（International Mobile Telecommunications-2000，IMT-2000），系统工作在 2000MHz 频段，最高业务速率可达 2000kbit/s，预期在 2000 年左右商用。ITU 提出 IMT-2000 希望制定一种全球统一制式的移动通信系统，但是国际上欧洲以 GSM 为基础成立的第三代合作伙伴计划（The 3rd Generation Partnership Project，3GPP）、美国以高通为主的 3GPP2，以及中国的自研标准无法完全统一，最终 ITU 在 IMT-2000 的第三代移动通信技术标准中批准了 3 种无线技术。

3GPP 主导 GSM 演进到通用移动通信系统（Universal Mobile Telecommunications System，UMTS），也就是宽带码分多址（Wideband Code Division Multiple Access，WCDMA）系统，收发信机的射频频谱采用 5MHz 带宽，带宽比 CDMA 的 1.23MHz 射频要宽。WCDMA 的第一个版本 R99 中，核心网分为电路域和分组域，无线数据速率最高可达到 2Mbit/s，WCDMA 的载波可同时支持数据和语音业务。R4 的电路域升级为软交换，R5 在空中接口引入了高速下行分组接入（High Speed Downlink Packet Access，HSDPA）技术，使下行峰值速率达到 14.4Mbit/s，R6 引入了高速上行分组接入（High Speed Uplink Packet Access，HSUPA）技术，上行的峰值速率可以达到 5.7Mbit/s，并引入了多媒体广播和组播业务（Multimedia Broadcast Multicast Service，MBMS）。

Release 0 的上行速率为 9.6kbit/s，下行速率为 153.6kbit/s，但上网速率还达不到 3G 要求的 2Mbit/s，所以只能称为 2.5G，为此 3GPP2 制定了两条技术演进路线：一条是纯数据模式演进（Evolution Data Only，EV-DO），EV-DO Release0 下行支持 2.4Mbit/s、上行支持 153.6kbit/s 的速率，EV-DO Release A 下行支持 3.1Mbit/s、上行支持 1.8Mbit/s 的速率；另一条是数据与语音同时演进（Evolution Data and Voice，EV-DV），该路线最终被放弃。

中国提出的时分同步码分多址（Time-Division Synchronous CDMA，TD-SCDMA）技术亦被 ITU 采纳为国际标准，在我国由中国移动使用，其演进路线基本和 WCDMA 相同，使用相同的核心网，同属于 3GPP 标准框架下。2008 年中国电信再次拆分，和中国联通业务重组，新的中国联合通信网络有限公司经营 GSM 网络，第三代移动通信标准引入 WCDMA 制式；新的中国电信集团有限公司经营中国联通出让的 800MHz CDMA 网络，3G 网络通过 cdma2000 1x 升级到 EV-DO Release A。第三代移动通信的 3 种标准制式均实现了在中国运营，中国的通信运营市场进入了三足鼎立的局面。

第三代移动通信系统的技术特点见表 1-3。

表 1-3　第三代移动通信系统的技术特点

技术特点 ＼ 系统名称	WCDMA	cdma2000	TD-SCDMA
载波间隔（MHz）	5	1.25	1.6
码片速率（Mchip/s）	3.84	1.2288	1.28
帧长（ms）	10	20	10（分为两个子帧）
基站同步	异步	同步，GPS	同步，GPS
功率控制	快速功率控制：上、下行 1500Hz	反向：800Hz 前向：慢速、快速功率控制	0～200Hz
下行发射分集	支持	支持	支持
频率间切换	支持，可采用压缩模式进行测量	支持	支持，可采用空闲时隙进行测量
检测方式	相干解调	相干解调	联合检测
信道估计	公共导频	前向、反向导频	DwPCH/UpPCH，中间码
编码方式	卷积码 Turbo 码	卷积码 Turbo 码	卷积码 Turbo 码

4. 第四代移动通信技术

伴随着智能手机的迅速普及，智能手机大屏化以及手机功能的 PC 化，催生了移动高速数据业务需求，3G 网络已经不能满足要求，由此催生了产业界研发第四代超宽带移动通信网络的需求。两大标准化组织——3GPP 和 3GPP2 开始计划第四代移动通信系统研发，由美国高通公司牵头 3GPP2 提出超移动宽带（Ultra Mobile Broadband，UMB）演进计划，鉴于高通公司在 3G 时代收取了巨额而昂贵的专利授权费用，支持 UMB 的设备厂商和运营商极少，使得该计划胎死腹中、被迫中止。而 3GPP 的 WCDMA 技术受到业界支持，其推出的长期演进（Long Term Evolution，LTE）技术标准得到了产业链众多厂商、运营商的支持，陆续推出了 R8～R14 共 7 个关键版本。LTE 又分为时分长期演进（Time Division-Long Term Evolution，TD-LTE）和频分长期演进（Frequency Division Duplexing-Long Term Evolution，LTE FDD）两种实现方式。

LTE 采用正交频分多址（Orthogonal Frequency Division Mutiple Access，OFDMA）技术，2×2 多输入多输出（Multiple-Input Multiple-Output，MIMO）配置可实现下行峰值速率 300Mbit/s、上行峰值速率 75Mbit/s，无法满足 ITU 提出的第四代移动通信（The Fourth Generation，4G）下行速率 1Gbit/s、上行速率 500Mbit/s 的要求，因此只能称为 3.9G，后续推出的 LTE 增强（LTE-Advanced，LTE-A）利用载波聚合（Carrier

Aggregation，CA）才能满足 ITU 的 4G 标准。LTE 采用了 MIMO、载波聚合、自组织网（Self Organization Network，SON）、终端直通（Device to Device，D2D）、机器类通信（Machine-Type Communication，MTC）等技术。中国移动采用 TD-LTE 技术组网，而中国电信和中国联通主要使用 LTE FDD 技术组网。

全球微波接入互操作（World Interoperability for Microwave Access，WiMAX）也作为第四代移动通信技术，最先采用正交频分复用（Orthogonal Frequency Division Multiplexing，OFDM）技术，早期少量地区部署，但随着 LTE 技术的快速推出，该技术逐渐退出。至此终于实现了 ITU 提出的全球统一的移动通信技术体制目标。

1.1.2　5G 的提出和标准进展

随着移动通信网络、物联网、互联网的不断融合，无线通信应用场景和业务范围被大大拓展，业界开启了第五代移动通信技术的研究。我国的 5G 标准研发起步较早，2013 年 2 月由工业和信息化部联合国家发展和改革委员会与科学技术部先于其他国家成立了 IMT-2020（5G）推进组，集中国内主要力量，推动 5G 策略、需求、技术、频谱、标准、知识产权研究及国际合作，成员包括国内主要的运营商、制造商、高校和研究机构等产学研用单位 50 多家，在 5G 需求、技术和频谱等方面取得了重要研究进展。

IMT-2020（5G）推进组陆续研究和完成了 5G 愿景与需求、5G 网络架构和关键技术、5G 频谱需求和频段规划等，牵头组织了从技术研发试验、技术方案验证到组网测试 3 个阶段的系统测试，为我国 5G 政策和国际标准的制定提供了重要的参考依据。

ITU 于 2015 年正式以 IMT-2020 命名 5G，部署开展 5G 标准研究工作；2017 年 11 月国际电信联盟无线电通信部门（ITU Radiocommunication Sector，ITU-R）发布了第五代移动通信需满足的指标，详见表 1-4。2020 年 7 月 ITU-R 国际移动通信工作组第 35 次会议宣布了各方提交的共 7 项 5G 候选技术的评估结果：中国提交的 3GPP 新空口（New Radio，NR）+窄带物联网（Narrow Band Internet of Things，NB-IoT）空口技术（Radio Interface Technology，RIT）、3GPP 提交的 NR+LTE 空口技术套件（Set of component RITs，SRIT）、3GPP 提交的 NR RIT、韩国提交的 3GPP NR RIT 4 项技术提交等同，并都融合成 3GPP 技术，满足各项指标要求，统一被正式接受为 IMT-2020 5G 技术标准。印度电信标准开发协会（Telecommunications Standards Development Society of India，TSDSI）提交的 5G 技术在 3GPP NR 的基础上增加了一些与 3GPP NR 技术不兼容的额外功能，但这些额外功能与 ITU 5G 技术评估和流程无关，由于其能满足技术要求，因此也被接受。新岸线公司提交的增强型超高速通信（Enhanced Ultra High Throughput，EUHT）技术和欧洲提交的数字增强无绳通信（Digital Enhanced Cordless Telecommunications，DECT）技术不能满足 5G 技术要求，计划之后再次讨论决定。

表 1-4　ITU-R 定义的 5G 网络指标

指标类型		数值
下行峰值速率		20Gbit/s
上行峰值速率		10Gbit/s
下行用户体验速率		100Mbit/s
上行用户体验速率		50Mbit/s
用户面时延	eMBB	4ms
	URLLC	1ms
控制面时延	eMBB	20ms
	URLLC	20ms
可靠性要求		99.999%
移动速率		500km/h

　　3GPP 在 R14 阶段开展了 5G 系统框架和关键技术研究，于 2017 年 3 月完成，6 月冻结；2017 年 12 月，完成了 R15 的 5G 非独立组网（Non-Standalone，NSA）架构标准——基于演进的分组核心网（Evolved Packet Core，EPC）的以 LTE 基站为锚点的 LTE-5G NR 双连接；2018 年 6 月，完成了 R15 的 5G 独立组网（Standalone，SA）架构标准——基于 5G 核心网（5G Core，5GC）的独立组网；2019 年 3 月，完成了 R15 的 5G 后补（Late Drop）架构标准——基于 5G 核心网的 5G NR-LTE 双连接。

　　3GPP R16 原计划 2020 年 3 月冻结，受新冠疫情影响，3GPP 延迟到 2020 年 7 月正式发布，主要内容为垂直行业应用及整体系统的提升，包括面向智能汽车交通领域的 5G 车联网（Vehicle to Everything，V2X）技术、在工业物联网和高可靠低时延通信（Ultra-Reliable & Low-Latency Communication，URLLC）增强方面的可以在工厂全面替代有线以太网的 5G NR 能力（如时间敏感网络等）、授权频谱辅助接入（Licensed-Assisted Access，LAA）与非授权频段的 5G NR，以及定位、MIMO 增强、功耗改进等其他系统提升与增强功能。历时 2 年 3 个月，R17 最终于 2022 年 6 月正式冻结，标志着 5G 的第二个演进版本标准正式完成。R17 进一步完善了 5G 三大场景的能力，在商用性能提升方面制定了 URLLC 增强、SON 能力演进、定位增强、NR V2X 增强、适用于高铁场景的高速优化方案等技术要求，在新特性的引入方面推出了 5G 轻量化（Reduced Capability，RedCap）、非地面网络（Non-Terrestrial Network，NTN）、5G MBMS 等功能标准，在新方向探索方面提出了 5G 与 AI 的融合，制定了统一的功能框架，推动加速实现自智网络。

　　R18 面向 5G-Advanced，将在超大上行、沉浸式 XR、同感融合、RedCap 增强、无源 IoT、基站节能、物理层 AI 等方面开展功能演进和场景拓展，预计于 2024 年冻结。

　　随着 3GPP 标准的推进，我国通信标准化协会（China Communications Standards Association，CCSA）也加紧完成我国相关行业技术标准的制定，并于 2020 年 1 月发布了我国首批 14 项 5G 标准，截至 2023 年已发布 5G 相关行业标准 100 余项，涵盖核心网、无线接入网、承载网、天线、终端、安全、电磁兼容等领域，兼具实现技术、设备、系统、网络管理、业务、工程建设等方面，为我国的 5G 产业发展提供了大力支持。

1.1.3 5G 频谱使用

5G 网络的可用频谱资源包括 1GHz 以下的低频段、1~6GHz 的中频段和 6GHz 以上的毫米波高频段，也常分为 6GHz 以下的 sub-6GHz 和 6GHz 以上的毫米波两种。世界无线电通信大会（World Radiocommunications Conference，WRC）在 WRC-07、WRC-15、WRC-19 中对包含 5G 在内的 IMT 技术均给出了频谱使用建议，并规定原则上之前已划分给 2G/3G/4G 技术的频率都可以用于 5G 网络；WRC-23 重点研究在以固定业务为主要业务的频段上将 IMT（含 5G/6G）用于固定无线宽带。WRC 划分的细节将在 2.4 节"全频谱接入技术"中具体展开，这里先介绍全球主要 5G 先行国家的用频情况。

1. 中国

2017 年 11 月 15 日，工业和信息化部发布了《关于第五代移动通信系统使用 3300~3600MHz 和 4800~5000MHz 频段相关事宜的通知》，明确了我国 6GHz 以下 5G 的频段使用范围。2018 年 12 月工业和信息化部向中国移动、中国电信和中国联通分别发放了 2600MHz+4900MHz 和 3500MHz 频段试验频率使用许可；2019 年 11 月向中国电信、中国联通和中国广电发放了共同使用 3300~3400MHz 于 5G 室内覆盖部署的许可；2020 年 1 月向中国广电颁发了 4.9GHz 频段 5G 试验频率使用许可，同意其在北京等 16 个城市部署 5G 网络；2020 年 4 月工业和信息化部将 702~798MHz 频段的频率使用规划调整用于移动通信系统，并将 703~743/758~798MHz 频段规划用于频分双工（Frequency-Division Duplex，FDD）工作方式的移动通信系统；同年 5 月，工业和信息化部向中国广电发放了 703~733/758~788MHz 频段的 5G 使用许可，许可其分批、分步在全国范围内部署 5G 网络。2020 年 12 月，工业和信息化部许可了中国电信和中国联通将其 2.1GHz 频段的频率资源重耕用于 5G 系统，后分别于 2022 年 10 月和 2023 年 8 月批准中国联通和中国电信将 2G/3G/4G 系统 900MHz 和 800MHz 频段的频率资源重耕用于 5G 系统。

高频部分，2017 年 7 月，工业和信息化部批复 24.75~27.5GHz 和 37~42.5GHz 频段用于我国 5G 技术研发试验。2022 年 11 月，工业和信息化部向中国商飞公司发放了 6GHz 和 25GHz 工业专用频率许可；2023 年 10 月，工业和信息化部批复 2.1GHz 频段（10MHz 带宽）用于中国国家铁路集团有限公司基于 5G 技术的铁路新一代移动通信系统（5G-R）试验。2023 年 6 月我国率先将 6425~7125MHz 全部或部分频段划分用于 IMT（含 5G/6G）系统。

2. 美国

2016 年 7 月，美国联邦通信委员会（Federal Communications Commission，FCC）公布将 24GHz 以上频段用于 5G 的新规则，规划四大高频段用于 5G 网络和固定无线接入：27.5~28.35GHz（28GHz）、37~38.6GHz（37GHz）、38.6~40GHz（39GHz）

和 64~71GHz。其中，28GHz、37GHz 和 39GHz 为授权频谱，64~71GHz 为未授权频谱，合计约 11GHz 带宽。2017 年 11 月，FCC 又新增了共 1700MHz 带宽用于加快 5G 网络部署，包括 24GHz 频段上的 700MHz 带宽和 47GHz 频段上的 1GHz 带宽。2019 年 6 月，FCC 完成了 28GHz 和 24GHz 频谱的拍卖，大部分牌照由几大运营商获得：AT&T 获得了 831 个 24GHz 牌照，T-Mobile 获得了 1346 个 24GHz 牌照，Verizon 获得了 1066 个 28GHz 牌照。

2019 年 7 月，美国司法部批准美国第三大运营商 T-Mobile 和第四大运营商 Sprint 合并，同时要求 T-Mobile 和 Sprint 剥离部分资产给 Dish，使得 Dish 成为美国第四大移动运营商，以维持 4 家运营商的竞争格局。Dish 可在 7 年内接入 T-Mobile 的网络（包括 5G 网络）为 Dish 客户提供服务。2020 年 8 月完成优先接入（PAL）牌照拍卖，228 个申请者获得 20 625 个 PAL 牌照；获得 PAL 许可证的主体类型除电信运营商、有线电视运营商、系统集成商外，行业企业用户众多，覆盖石油天然气、电力、制造、医疗、教育等行业。

此外，FCC 也积极推进释放 600MHz、3.45~3.55GHz 和 3.7~4.2GHz 等中、低频段用于 5G 部署。

3. 韩国

2018 年 6 月，韩国完成了 3.5GHz 和 28GHz 频谱拍卖。在 3.5GHz 频段上，SK Telecom 和 KT 各自赢得 100MHz 带宽，LG Uplus 获得 80MHz 带宽；在 28GHz 频段上，3 家运营商各自获得 800MHz 带宽。当年 12 月 1 日启用，3.5GHz 频谱可用期为 10 年，28GHz 频谱可用期为 5 年。

5G 专网方面，在促进 3 家运营商发展基于公网的 5G 企业专网应用的同时，韩国大力推动使用专网频谱的 5G 专网应用发展，于 2021 年 10 月发布了 5G 专网频率分配公告，截至 2023 年 3 月，已向 10 余个申请者发放了专网频率许可。为推动融合应用发展，从 2022 年 6 月开始，韩国政府相继启动了 11 个示范项目，并大力推动专网设备的研发生产，截至 2023 年 5 月共有 35 个 5G 专网终端设备（模块、调制解调器）获得认证。

4. 日本

2019 年 4 月，日本为其四大电信运营商分配了 5G 频谱资源，包括 3.7GHz 频段（3.6~4.1GHz）、4.5GHz 频段（4.4~4.6GHz）和 5G 毫米波频段 28GHz 频段（27~29.5GHz），具体分配情况见表 1-5。

表 1-5　日本四大电信运营商的频谱资源分配

运营商	频段	总带宽
NTT DoCoMo	28GHz（400MHz×1） 4.5GHz（100MHz×1） 3.7GHz（100MHz×1）	600MHz

续表

运营商	频段	总带宽
KDDI	28GHz（400MHz×1） 3.7GHz（100MHz×2）	600MHz
软银	28GHz（400MHz×1） 3.7GHz（100MHz×1）	500MHz
Rakuten Mobile	28GHz（400MHz×1） 3.7GHz（100MHz×1）	500MHz

运营商获得 5G 频谱的条件包括两年内在所有县开始提供服务。总务省还将日本划分为 4500 个区块，要求运营商在五年内至少在其中一半的地区建设基站。

5G 专网方面，日本总务省从 2019 年底开始正式接受 5G 专网服务频谱牌照（local 5G）申请，允许地方政府和企业建设自己的网络。截至 2022 年 11 月，日本共有 126 家机构获得 149 张许可证，其中中频段 108 张、高频段 31 张。

5. 欧盟国家

2019 年 5 月，欧盟委员会完成了全欧盟范围内 700MHz、3.6GHz 和 26GHz 3 个 5G 首选频段的使用协调，为在欧盟全境统筹部署 5G 网络提供了技术条件，同时降低干扰风险，确保与现有卫星等业务及相邻频段的兼容。

意大利、奥地利、瑞士、德国、西班牙、英国等国均已开展了 5G 频谱的拍卖，已拍卖和分配的频谱中，3.6GHz 为最主流的频段。

5G 专网发展以德国为领先代表，德国联邦网络管理局在拍卖 5G 频率前即预留了用于自建企业专网的本地 5G 网络频谱，并分阶段开放中频段（3.7～3.8GHz）和毫米波频段 5G 专网许可申请。截至 2023 年 3 月，德国监管机构已发放了 304 份中频段频谱许可和 17 份高频段频谱许可。

1.1.4　主要运营商的 5G 部署进展

根据全球移动设备供应商协会（Global Mobile Suppliers Association，GSA）的数据，截至 2023 年 9 月，全球有 173 个国家和地区的 578 家运营商正在投资 5G 网络，包括处于试点、牌照获取、规划、部署和运营各种状态。其中 114 个国家和地区的 300 家运营商已经运行了至少一项兼容 3GPP 标准的 5G 业务——包括试运行网络和 3GPP 兼容的 5G 固定无线接入业务。全球 5G 商用终端已达 1756 款。

1. 中国

2019 年 6 月，工业和信息化部向中国移动、中国电信、中国联通和中国广电发放了 5G 电信业务经营许可。

（1）中国移动

中国移动从 2017 年开始进行 5G 的系统测试和验证，并于 2018 年在杭州、上海、广州、苏州、武汉等城市进行了试验网建设。中国移动表示要加快建设全球最大 5G 网络，2019 年即在全国建设了超过 5 万座基站，在超过 50 个城市实现了 5G 商用服务；2020 年进一步扩大网络覆盖范围，在全国所有地级以上城市提供 5G 商用服务。

2019 年 6 月，中国移动公布了其 5G 品牌标识"5G+"，如图 1-1 所示。"∞"表示改变社会的无限可能，寓意中国移动 5G 开放、共享的理念和愿景；右上角的两个"+"寓意中国移动 5G+计划将为行业及个人带来叠加倍增的价值。同时，中国移动也同步推进 5G+X 项目，加速 5G 融入百业、服务大众。

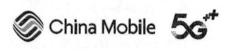

（2）中国联通

2018 年中国联通陆续在 16 个城市开通 5G 规模试验，2019 年 4 月发布"7+33+n"部署计划，即在北京、上海、广州、深圳、南京、杭州、雄安 7 个城市城区实现连续覆盖、在 33 个城市实现热点区域覆盖、在 n 个城市定制 5G 网中专网，搭建各种行业应用场景，为合作伙伴提供更为广阔的试验场景，推进 5G 应用孵化及产业升级。同时发布了 5G 品牌标识"5G^n"（如图 1-2 所示）及主题口号"让未来生长"，诠释中国联通 5G 致力于科技创新、赋能行业、打造极致用户体验的品牌精神和态度。2019 年建设基站 2 万座。

图 1-1 中国移动的 5G 品牌标识

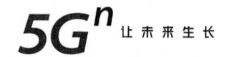

图 1-2 中国联通的 5G 品牌标识

（3）中国电信

2017 年中国电信开始在 6 个城市进行 5G 网络外场试验，联合各界合作伙伴共同开展 5G 应用及解决方案研发；2017 年 12 月启动了雄安、深圳、上海、苏州、成都和兰州 6 个城市的 5G 创新示范网建设，2018 年 2 月扩展至 12 个城市。2018 年 9 月 13 日，中国电信正式启动了"Hello 5G 行动计划"，正式推出 5G 品牌标识（如图 1-3 所示）和"赋能未来"口号，"Hello"代表全新 5G 数字化社会的到来，也表达了中国电信欢迎产业合作伙伴共同拓展 5G 生态的开放合作态度。

截至 2019 年 2 月，中国电信已在全国 17 个城市开展了 5G 试验网建设。同年在约 50 个城市建设了 4 万座 5G 基站，采用 SA/NSA 混合组网

图 1-3 中国电信的 5G 品牌标识

方式，在重点城市的城区实现规模连片覆盖，并于 2020 年启动面向 SA 的网络升级，对外开放基于 SA 的边缘计算、网络切片等网络能力。

2019 年 9 月，中国电信和中国联通宣布将在全国范围内合作共建一张 5G 接入网络，采用接入网共享方式，核心网各自建设，5G 频谱资源共享；双方用户归属不变，品牌和业务运营保持独立。双方划定区域，分区建设，各自负责在划定区域内的 5G 网络建设相关工作，谁建设、谁投资、谁维护、谁承担网络运营成本；双方联合确保 5G 网络共建共享区域的网络规划、建设、维护及服务标准统一，保证同等服务水平。双方各自与第三

方的网络共建共享合作不得损害另一方的利益。

（4）中国广电

中国广电将利用 5G 契机建设一个高起点的现代传播网络——汇集广播电视现代通信和物联网服务的高起点、高技术的 5G 网络，提供智慧广电服务。

2019 年 8 月 19 日，中国广电发布了《关于推动广播电视和网络视听产业高质量发展的意见》的通知，明确计划于 2025 年在 5G 网络和智慧广电建设上取得重要成果，使广播电视行业形成一条更加完整的新型产业链，打造集融合媒体传播、智慧广电承载、智能万物互联、移动通信运营、国家公共服务、绿色安全监管于一体的新型国家信息化基础网络。之前中国广电与华为等设备商、地方科技园区、中国联通等已开展或意向开展 5G 相关的试点建设和合作，并将进一步扩大试点范围。同时，广电总局正加快实现全国"一张网"体制改革，以与中国广电的 5G 网络建设一体化协同。

2. 美国

（1）AT&T

早在 2017 年 4 月，AT&T 即在全美推出"5G E"（5G Evolution）网络，实际为 4G LTE 网络的升级版，包括了载波聚合、4×4 MIMO、256 阶正交振幅调制（Quadrature Amplitude Modulation，QAM）等技术；2018 年 12 月采用 39GHz 毫米波在美国十几个城市正式商用基于 3GPP 标准的"5G+"移动服务，采用移动路由器用于热点方式覆盖，2020 年实现全国覆盖。AT&T 还将升级其 700MHz 的 First Net 等低频网络用于 5G，以及通过频谱接入系统（Spectrum Access System，SAS）在目前 3.5GHz 频段的公民宽带无线电服务（Citizen Broadband Radio Service，CBRS）系统中实现 5G 应用。

2019 年 6 月，AT&T 宣布，选择其商业无限首选计划的客户可以在 5G 毫米波（millimetre Wave，mmWave）"5G+"网络上使用 Galaxy S10 5G——三星首款 5G 设备，并声称当时在 19 个城市等有限的地区可用，后续将覆盖更多的地区。此外，2019 年下半年通过三星提供支持 sub-6GHz 频段的 5G 手机终端。

（2）Verizon

Verizon 已于 2018 年 10 月 1 日采用 28GHz 频段在美国 4 个城市推出 5G 固定无线服务——"5G Home"，通过 5G 家庭路由器接入，初期采用 V5G 标准并逐步升级为 3GPP 标准。2019 年 4 月在芝加哥的部分市中心地区在毫米波频段推出移动版"5G Mobility"，并推出了摩托罗拉和三星的各一款 5G 手机。Verizon 表示，5G 网络已经达到了预期，平均速率可达 450Mbit/s，峰值速率高达 1Gbit/s。

Verizon 从 2020 年开始实施与 LTE 系统的动态频谱共享（Dynamic Spectrum Sharing，DSS）。

（3）T-Mobile、Sprint 和 Dish

2019 年 7 月，美国司法部批准了酝酿已久的美国第三大运营商 T-Mobile 和第四大运营商 Sprint 合并，合并条件是 T-Mobile 和 Sprint 剥离部分资产给 Dish，推动 Dish 成为美国第四大移动运营商。根据协议，Dish 除获得 Sprint 的预付费业务和 930 万客户、7 年内可接入新 T-Mobile 的网络以外，并获得 Sprint 的 800MHz 频谱资源。合并后的新 T-Mobile 拥有原 Sprint 的 2.5GHz 中频段、T-Mobile 的 600MHz 低频段，以及新拍卖获得的 24GHz 毫米波高频段。

两家合并之前，Sprint 于 2019 年 5 月底在美国亚特兰大等 4 个城市的部分地区开通了 5G 网络，同时表示将在未来几周于芝加哥、洛杉矶等 5 个地区开通 5G。Sprint 表示，一旦 9 个城市全部上线，5G 服务将覆盖 2180 平方英里（约合 5646.17 平方千米）的土地，覆盖 1150 万人。其 5G 网络基于 2.5GHz 频段，使用 64T64R MIMO 技术。记者测速情况显示，其 5G 速率最高能达到 700Mbit/s，一般情况下为 300～600Mbit/s，能提供 LG、HTC 和三星各一款 5G 终端。

2019 年 6 月 T-Mobile 在亚特兰大、洛杉矶、纽约等 6 个城市推出三星 Galaxy S10 5G 毫米波手机，并于同年晚些时候在 30 个城市推出了更广泛的低频段 5G 网络。

合并后，新 T-Mobile 计划于 2024 年实现 5G 网络覆盖全美 90%人口的目标。

Dish 则计划先期通过"虚拟运营商+嵌入式 SIM 卡（embedded-SIM，eSIM）"的方式，并采用 SA 模式，通过核心网全云化和部分无线网的白盒化、虚拟化和池化部署推动建设端到端的全虚拟化的云原生 5G 网络，被美国政府寄望成为"无线市场的颠覆者"。

3. 韩国

韩国运营商 KT 在 2018 年 2 月平昌冬奥会上采用 5G 特别兴趣组（5G-Special Interest Group，5G-SIG）标准在 28GHz 频段部署了展会用的平昌 5G 试商用网，推出了沉浸式观赛体验、多角度赛场观摩、360 度虚拟现实（Virtual Reality，VR）直播等 5G 服务，并测试了 5G 自动驾驶、无人机、全息技术等。随后，5G-SIG 标准与 3GPP 标准统一。

2018 年 6 月，5G 频谱拍卖完成后，三大运营商于 7 月中旬就共建共享 5G 网络、加速 5G 部署达成协议。协议明确将充分共享 SK Telecom、KT、LG Uplus 3 家运营商所有的移动和固定网络基础设施，包括基站、铁塔、天线、管道、人孔、室内分布系统等，并强调 5G 室内覆盖建设应采用联合施工模式。

2018 年 12 月 1 日，韩国三大运营商同时宣布 5G 网络正式开启商用，成为全球首个基于 3GPP 标准的 5G 商用网络。初期利用 5G 移动路由器作为热点提供公众客户服务，并提供首批企业用户 5G 服务——包括用于汽车零部件厂商的产品检验、工业机械和精密零件制造等。计划 3.5GHz 频段用作全国性或主要的城市覆盖，实现与 4G 相同的覆盖率；28GHz 频段用作热点和主要的道路覆盖，实现 4G 覆盖率的 20%～40%。先部署 NSA 系统，再演进到 SA 模式。

随着 2019 年 4 月初 5G 手机终端发布，韩国三大运营商大规模推出 5G 个人用户服务，6 月中 5G 总用户数突破 100 万，9 月初突破了 300 万，建成 5G 基站 9 万多座，2019 年年底人口覆盖率达到了 93%。终端供应商为三星和 LG。

针对 5G 推出后的服务质量问题，韩国政府成立了公私联合的专责小组调查和解决技术及覆盖问题，测试显示，三大运营商的 5G 网速均超过了 1Gbit/s。

4. 日本

日本于 2019 年 4 月批准了 4 家移动运营商（NTT DoCoMo、KDDI、软银和乐天）建设 5G 无线网络的计划，并要求它们两年内在所有县开始提供服务以及五年内至少在全国 4500 个区块中一半的地区建设基站。

日本政府希望运营商能在从大城市到农村的更广泛区域建设 5G 基础设施，并要求它们降低服务费率；政府希望 5G 建设能够实现自动驾驶和远程医疗，并弥补其人力资源的短缺。

为了降低部署成本、尽快提供 5G 网络服务，日本政府与运营商都积极开展基础设施共建共享的部署计划。2018 年 12 月，日本总务省发布了基础设施共享指导方针；2019 年 7 月，KDDI 和软银宣布计划成立一家建筑管理合资公司，将设计和管理两家运营商共享的农村基站建设；当月，NTT DoCoMo 和 JTOWER 宣布计划成立一家提供开发基础设施共享解决方案的公司；Rakuten Mobile 则与 KDDI 达成了战略合作伙伴关系，将在东京、大阪和名古屋地区之外的地区，在建设自有网络的同时使用 KDDI 的网络。

5. 德国

2019 年 8 月，沃达丰在柏林、法兰克福、索林根、杜伊斯堡和不来梅等地开通了德国首批 5G 覆盖区，涉及 40 座 5G 移动基站。

2019 年 9 月初，德国电信宣布已在柏林、慕尼黑等 5 座城市启动了 5G 移动网络服务，速率达 1Gbit/s；2019 年年底前在汉堡和莱比锡开通了 5G 服务。

2019 年 9 月中，德国时任总理默克尔在法兰克福国际车展上表示，5G 技术对于汽车实现新的数字化功能很关键，到 2024 年年底 5G 网络将覆盖德国主要的公路和铁路路段。

6. 英国

2019 年 5 月 30 日，英国电信运营商 EE 携手华为在伦敦、加的夫、爱丁堡、贝尔法斯特、伯明翰和曼彻斯特 6 个城市发布开通 5G 网络服务，约有 45 万名 EE 用户注册了升级 5G 的申请。根据发布后的测试数据，即使在最繁忙的地区，用户也能体验到 100～150Mbit/s 的网络速率，这是在 EE 仅有 C 频段的 40MHz 频谱的情况下达到的。5G 网络上线后，英国广播公司（British Broadcasting Corporation，BBC）基于 5G 网络进行了新闻直播，这也是全球首个基于商用 5G 网络的电视直播。初期网络采用 NSA 方式；EE 于 2019 年内完成了 1500 个 5G 站点部署，新增 10 个城市的 5G 覆盖。EE 的 5G 网络主要使用华为的大规模阵列天线（Massive MIMO，mMIMO）设备部署，对于足球场、商场等室内场景，EE 还将使用华为的 5G 数字化室内系统（Digital Indoor System，DIS）。

2019 年 7 月初，英国沃达丰公司在伯明翰、曼彻斯特、利物浦和伦敦等 7 个城市为个人和企业开通了 5G 服务，之后在英国、德国、意大利和西班牙 4 个欧洲国家推出了 5G 漫游服务，并在英国的其他 12 个城市实现了 5G 覆盖。

英国的其他几家运营商也在 2019 年年底前开通了 5G 网络。

| 1.2　5G 网络架构与无线接入网技术演进 |

随着万物互联时代的到来，新业务和新需求对移动通信网络的发展提出了更高的要求，并推动着 4G 向 5G 时代的演进。在网络技术架构方面，5G 网络在基础设施平台和网络架构两个方面进行了技术创新和协同发展：一方面，引入互联网和虚拟化技术，设计实现基于通用硬件的新型基础设施平台代替部分专用硬件；另一方面，基于控制转发分离和控制功能重构的技术设计新型网络架构，提高接入网在面向 5G 复杂场景下的整体接入性能，并简化核心网结构，支持高智能运营和开放网络能力，提升全网的整体服务水平。

无线接入技术方面，5G 构造了新型多址接入、大规模天线、超密集组网（Ultra-Dense Networking，UDN）、全频谱接入等关键创新技术和新型多载波、灵活双工、先进调制与编码、终端直通、全双工等升级创新技术，以实现 ITU 定义的 5G 性能指标。

下面对 5G 的核心关键技术做具体介绍——因核心网与无线接入网共同构成 5G 网络总体架构，并彼此直接连通，所以对整网中与核心网相关的关键技术也做简要介绍。

1.2.1　5G 系统架构技术思路

5G 系统架构的设计主要基于新型基础设施平台和新型逻辑组织架构两方面的技术革新。我国的 5G 推进组在《5G 网络技术架构白皮书》中对此有较详细的阐述，此处概述如下。

1. 新型基础设施平台

5G 系统利用网络功能虚拟化（Network Function Virtualization，NFV）和软件定义网络（Software Defined Network，SDN）技术实现新型设施平台。NFV 通过软件与硬件的分离提供更具弹性的基础设施平台，组件化的网络功能模块实现控制面功能可重构。NFV 使网元功能与物理实体解耦，通过通用硬件取代专用硬件方便快捷地把网元功能部署在网络中的任意位置，同时对通用硬件资源实现按需分配和动态伸缩，以达到资源利用率最优。SDN 技术实现控制功能和转发功能的分离，有利于通过控制平面从全局视角来感知和调度网络资源，实现网络连接的可编程。

2. 5G 网络逻辑架构

5G 接入网构造为满足多场景的以用户为中心的多层异构网络，兼容多种站型和接入技术的统一接入，提升小区边缘的协同处理效率，提高无线和回传资源利用率。5G 核心网需要支持低时延、大连接和高速率的各种业务，更高效地实现对差异化业务需求的按需编排功能。核心网转发平面进一步简化下沉，并可将业务存储和计算能力从网络中心下移到网络边缘，以支持高流量和低时延的业务要求，以及灵活均衡的流量负载调度功能。

NFV 和 SDN 技术在移动网络的引入与发展，推动了 5G 网络架构的革新和网络功能的重组。运营商能根据不同的场景和业务特征要求，按需定制网络资源和业务逻辑，提升网络的弹性和自适应性。

《5G 网络技术架构白皮书》中给出的 5G 网络逻辑架构如图 1-4 所示。

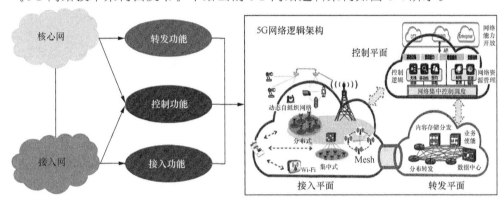

图 1-4　5G 网络逻辑架构

5G 网络逻辑架构包括 3 个功能平面：控制平面主要负责全局控制策略的生成，接入平面和转发平面主要负责策略执行。

（1）控制平面实现集中的控制功能以及接入和转发资源的全局调度。通过按需编排的网络功能，提供可定制的网络资源以及友好的能力开放平台，以提供差异化的业务需求。

（2）转发平面包含集成边缘内容缓存和业务流加速等功能的分布式网关，由控制平面统一控制。

（3）接入平面包含基站和无线接入设备，能够实现快速灵活的无线接入协同控制和更高的无线资源利用率。

1.2.2　4G 向 5G 的网络架构演变

5G 将提供增强型移动宽带（enhanced Mobile Broadband，eMBB）、超高可靠低时延通信（Ultra-Reliable & Low-Latency Communication，URLLC）、海量机器类通信（Massive Machine-Type Communication，mMTC）3 种应用场景的业务，各种业务在移动性、安全性、用户策略控制、时延、可靠性等方面的要求不尽相同，这样使得 5G 网络架构相较于 4G 网络更复杂。

5G 网络在接入层引入集中式单元（Centralized Unit，CU）/分布式单元（Distributed Unit，DU）架构以灵活适配不同场景对无线网的性能要求，如在低时延业务场景可采用 CU/DU 分离架构、DU 靠近终端设置。核心网则主要通过网络切片实现多业务场景的功能需求。

4G 向 5G 的网络架构演变如图 1-5 所示。

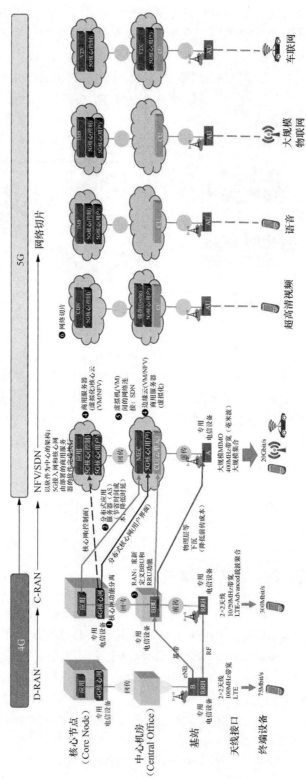

图 1-5　4G 向 5G 的网络架构演变（源于 SK Telecom）

其中主要的演进技术如下。

（1）核心网功能分离：核心网用户面的部分功能下沉至中心机房（Central Office，CO），从集中式核心网演变成分布式核心网，核心网功能在地理位置上更靠近终端，有利于减小时延。

（2）分布式应用服务器的部分功能下沉至 CO，并在 CO 部署移动边缘计算（Mobile Edge Computing，MEC）单元。

（3）重构基站基带单元（Baseband Unit，BBU）和射频单元（Remote Radio Unit，RRU）为 CU-DU-有源天线单元（Active Antenna Unit，AAU）架构。

（4）NFV，将之前核心网中的移动性管理实体（Mobility Management Entity，MME）、服务网关/分组数据网网关（Serving Gateway/PDN Gateway，S/P-GW），以及策略和计费规则功能（Policy and Charging Rules Function，PCRF）、无线接入网中的 CU 等通过虚拟机（Virtual Machines，VMs）方式承载，在通用的商用服务器上通过软件来实现网元功能。

（5）SDN，5G 网络通过 SDN 控制器连接边缘云和核心云中的 VMs，网络切片也由 SDN 集中控制。

（6）网络切片，将物理网络切割成多个虚拟网络，每个虚拟网络面向不同的应用场景需求。虚拟网络间逻辑独立。

网络切片的功能实现如图 1-6 所示。

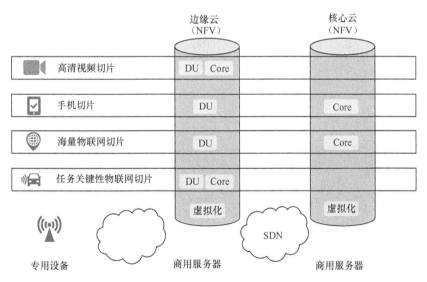

图 1-6 网络切片的功能实现（源于 SK Telecom）

1.2.3 5G 网络系统级关键技术概述

以下简述 5G 网络系统级的关键技术，其中与无线接入网强相关的部分，将稍做展开阐述。

（1）移动核心网网关设备的控制功能和转发功能分离，网络向控制功能集中化和转发功能分布化的趋势演进。

（2）控制面功能模块化，优化控制面处理逻辑，状态与逻辑处理分离。

（3）面向终端属性、请求类型、业务特征、网络状况以及运营商策略等的新型连接管理和统一的、智能的移动性管理。

（4）在靠近移动用户的位置上提供信息技术服务环境和云计算能力，并将内容分发推送到靠近用户侧的 MEC 技术。

（5）提供适配多业务场景能力的网络切片技术，实现按需组网。《5G 网络技术架构白皮书》中列举了 5G 网络面向 4 类典型应用的网络切片部署示意，如图 1-7 所示。

① 连续广域覆盖网络：数据面流量相对较少，用户面网关相对集中。应保障较高的业务锚点位置，实现对广域移动性的支持。

② 热点大容量网络：集中控制面，通过用户面网关下沉，靠近用户部署业务锚点和内容源实现本地路由，降低对网络容量的压力。

③ 低功耗大连接网络：简化的连接管理、移动性管理、漫游等机制，通过控制协议的裁剪及优化实现低功耗及大连接数。

④ 低时延高可靠网络：终端可通过设备到设备直连或本地业务路由实现低时延。通过端到端的服务质量（Quality of Service，QoS）控制和平台的高可靠性机制满足业务和系统的可靠性要求。

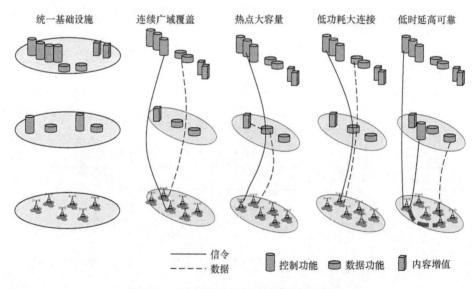

图 1-7　面向不同业务的 5G 网络切片部署

（6）无线网组织功能重构。按照协议功能划分方式，3GPP 提出了面向 5G 的无线接入网功能重构方案，引入了 CU-DU 架构——BBU 拆分成 CU 和 DU 两个逻辑网元，分别实现分组数据汇聚协议（Packet Data Convergence Protocol，PDCP）层及以上和以下的无线协议功能；射频单元以及部分基带物理层底层功能与天线构成 AAU。CU

与 DU 作为无线侧的逻辑功能节点，可以映射到不同的物理设备上，也可以映射为同一物理实体。起初 DU 难以实现虚拟化，CU 虚拟化理论上将更适应不同应用场景需求的虚拟无线接入、满足差异化运营需求和提升业务部署的灵活性，但成本高、代价大。CU/DU 分离适用于 mMTC 小数据分组业务。

（7）统一的多无线接入融合技术，包括智能接入控制与管理、多种接入技术下的无线资源管理、协议与信令优化、多制式多连接技术。

（8）频谱共享技术，在多种无线接入技术共存的情况下，根据不同的场景、业务负荷、用户体验和共存环境等动态共享频谱资源，达到多系统的最优动态频谱配置和管理功能，从而实现更高的频谱效率和干扰的自适应控制。

（9）动态自组织和无线网格化网络（Mesh）技术：前者在 5G 蜂窝网络的授权和控制下在本地动态组建网络，后者在连续广域覆盖和 UDN 场景中构建快速、高效的基站间无线传输和回传网络。

（10）采用用户和业务的智能感知与处理技术，帮助网络按需分配接入网资源以优化 5G 网络服务；并基于感知区分，通过软件定义协议栈和软件定义拓扑在无线接入网中提供差异化服务。

（11）基于移动网网元所能提供的信息向第三方提供所需的网络能力，即网络能力开放。

1.2.4　5G 无线接入网关键技术

以下就 5G 无线接入网架构和核心实现技术略做展开。

1. 5G 无线接入网架构

从 3G 时代起，一体化基站即演变为 BBU+RRU 分布式基站形态。4G 时代，分布式基站成为标准配置。RRU 设计为 IP65 防护等级，无需恒温空调机房条件，可以直接安装在室外，而 BBU 可以集中部署在远端机房内，BBU 和 RRU 通过通用公共无线电接口（Common Public Radio Interface，CPRI）连接，这样可提升射频覆盖效能，减少机房获取难度，节约建设和运维成本。

为了缩短无线接入时延以及简化移动网络架构，4G 无线接入网（Radio Access Network，RAN）去掉了 2G/3G 的基站控制器（Base Station Controller，BSC）/无线网络控制器（Radio Network Controller，RNC），基站控制器的移动性管理功能由 MME 承担，信道管理和切换功能由演进型 Node B（evolved Node B，eNB）基站负担，形成了核心网和基站直接相连的扁平化网络结构。

5G 时代，RAN 形态进一步演进，5G 基站又称为下一代 Node B（next generation Node B，gNB），由 AAU、DU、CU 三部分组成。5G 无线接入网架构如图 1-8 所示。RRU 和天线集成在一起组成 AAU，CU+DU 和 BBU 功能类似，每个站都有一套 DU，多个站点可共用同一个 CU 进行集中式管理。5G 无线接入网架构中的 CU，类比于

2G/3G 时代的基站控制器，从 4G 构建扁平化网络，到了 5G 时代，似乎又要走回 2G/3G 时代的老路，这是因为 4G 的网络架构与 2G 和 3G 相比可谓是巨变，不仅带来了时延的降低和部署的灵活性，而且也带来了一些问题，尤其是站间信息交互的低效。如果邻区基站数较多，站间连接数和信息处理负荷呈指数级增长，导致 4G 基站间干扰难以协调。

5G 无线接入网将 BBU 划为 CU 和 DU 两部分的主要原因如下。

（1）实时性要求不同的业务分别处理，把原先 BBU 中的物理层（Physical Layer，PHY）下沉到 AAU 中处理，对实时性要求高的媒体访问控制（Medium Access Control，MAC）层、无线链路控制（Radio Link Control，RLC）层放在 DU 中处理，而把对实时性要求不高的 PDCP 和无线资源控制（Radio Resource Control，RRC）层放到 CU 中处理。

（2）实现基带资源池化，节约资源。各个基站的忙闲时不一样，传统的做法是给每个基站都配置为最大容量，而这个最大容量在大多数时候是达不到的。例如，学校的教学楼在白天话务量很高，到了晚上就会很空闲，学生宿舍的情况则正好相反，而这两个地方的基站却要按最大容量设计，会造成很大的资源浪费。如果教学楼和宿舍的基站能够统一管理，把 DU 集中部署，并由 CU 统一调度，就能够节省一半左右的基带资源。

（3）有利于实现无线接入的切片和云化，切片实现的基础是虚拟化，但在现阶段，对于 5G 的实时处理部分，通用服务器的效率还太低，无法满足业务需求，因此还需要采用专用硬件，而专用硬件又难以实现虚拟化。这样一来，就只好把需要用专用硬件的部分剥离出来成为 AAU 和 DU，剩下的非实时部分组成 CU，运行在通用服务器上，再经过虚拟化技术，就可以支持网络切片和云化了。

（4）满足 5G 复杂组网情况下的站点协同问题，为了提高小区边缘的速率，需要开启站间联合接收功能，这对站间的信息交互实时性以及干扰协调要求较高，需要通过中心 CU 进行协同处理。

但是，DU 和 CU 的拆分在带来诸多好处的同时，也会带来一些不利影响。首先是时延的增加，网元的增加会带来相应的处理时延，再加上增加的传输接口带来的时延，增加的虽然不算太多，但也足以对超低时延业务造成很大的影响。其次是网络复杂度的提高。5G 的不同业务对实时性的要求不同：eMBB 业务对时延不是特别敏感，看高清视频只要流畅不卡顿，时延多几毫秒是完全感受不到的；mMTC 对时延的要求就更宽松了，如智能水表上报读数，好几秒的时延都可以接受；而 URLLC 就不同了，对于关键业务，如自动驾驶，可能就是"延迟一毫秒，亲人两行泪"。因此，对于 eMBB 和 mMTC 业务，可以把 CU 和 DU 分开来在不同的地方部署，而对于 URLLC，就必须 CU 和 DU 合设了。这样一来，不同业务的 CU 位置不同，大大增加了网络本身和管理的复杂度。

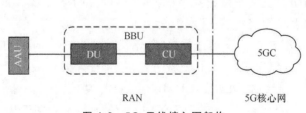

图 1-8　5G 无线接入网架构

2. 5G 无线接入网核心实现技术

ITU 提出 5G 要满足 eMBB、URLLC、mMTC 三大主要应用场景，这三大应用场景的业务类型和通信行为之间具有很大差异。为了通过同一个网络满足并保障不同 QoS 的业务，5G 引入了网络切片的概念。5G 网络可以为不同的业务划分各自独立的逻辑资源，使得各种业务可以互不干涉，这样可以确保业务的 QoS。

为了实现超高宽带通信，需要 400MHz 的连续射频频谱资源，而现有 sub-6GHz 频段无法提供如此高的连续频谱。sub-6GHz 频段的单载波带宽为 200MHz 左右，而毫米波频段的带宽则高达 400MHz 以上。因此，5G 的主流频段在 3.5GHz 和毫米波。除了使用高射频带宽，空分多流传输也是提高基站吞吐量的可用技术之一，为此 5G 引入了大规模天线技术，基站侧收发信机使用最大 64 收发信道和 192 振子天线阵列，结合波束赋形和码分多址技术实现 8、12、16、24 流传输，大大提升了基站小区的吞吐量。

第 2 章将就 5G 无线接入网的关键技术做更多更深入的介绍。

1.2.5　5G 组网方式

1. SA 和 NSA

5G 核心网—无线接入网的组织架构包含 SA 模式和与 4G 网络相结合的 NSA 模式两种。

SA 方案是 5G NR 直接接入 5G 核心网，通过核心网互操作实现 5G 网络与 4G 网络的协同。SA 方案的标准已于 2018 年 6 月冻结。采用 SA 方案，5G 网络可支持网络切片、MEC 等新特性，4G 核心网 MME 需要升级支持 N26 接口，4G 基站仅需较少升级（如增加与 5G 切换等相关参数），4G/5G 基站可异厂家组网，终端不需要双连接。

NSA 使用现有的 4G 基础设施，进行 5G 网络的部署。NSA 方案要求 4G/5G 基站同厂家，终端支持双连接。基于 EPC 的 NSA 标准已经在 2017 年 12 月冻结。采用这种方案，5G 基站通过 4G 基站接入 4G 核心网，不支持网络切片、MEC 等新特性，EPC 需升级支持 5G 接入相关的功能，4G 基站需要升级支持与 5G 基站间的 X2 接口。基于 5G 核心网的 NSA 标准于 2019 年 3 月完成。采用这种方案，4G 基站通过 5G 基站接入 5G 核心网，5G 网络可以支持网络切片、MEC 等新特性，但 4G 基站需升级支持 5G 相关协议。

2. 5G 组网架构选择

在 2016 年 6 月制定的标准中，3GPP 共列举了选项（Option）1、Option2、Option3/3a、Option4/4a、Option5、Option6、Option7/7a、Option8/8a 共 8 种 5G 架构。其中，Option1、Option2、Option5 和 Option6 属于 SA 方式，其余属于 NSA 方式。

在 2017 年 3 月发布的版本中,增加了两个子选项——3x 和 7x,优选了 Option2、Option3/3a/3x、Option4/4a、Option5、Option7/7a/7x 共 5 种 5G 架构,其中 SA 方式包括 Option2 和 Option5 两种。

(1) Option1 和 Option2

如图 1-9 所示。

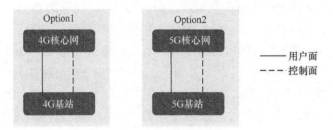

图 1-9 Option1 和 Option2 示意

Option1 是 4G 网络的部署方式,由 4G 的核心网和基站组成。用户面传送业务数据,控制面传送管理和调度信令。Option2 属于 5G SA 方式,使用 5G 的基站和 5G 的核心网。

(2) Option3/3a/3x

如图 1-10 所示。

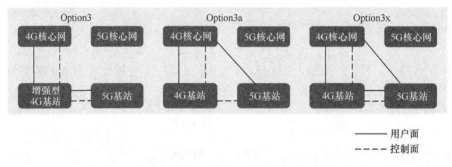

图 1-10 Option3/3a/3x 示意

Option3/3a/3x 采用 4G 核心网,以 4G 基站为主站,负责与核心网进行控制面信令沟通;5G 基站作为从站与 4G 基站建立信令连接。4G 核心网需做相应的升级改造。

Option3 方式下,5G 基站的用户面数据通过 4G 基站与核心网沟通,需要对 4G 基站进行硬件升级改造;Option3a 方式下,5G 基站的用户面数据直接与 4G 核心网互通;Option3x 方式将 4G 基站不能传输的部分数据通过 5G 基站直接与核心网互通,其余数据仍使用 4G 基站进行传送。Option3a 和 Option3x 方式可以避免对 4G 基站的硬件改造,为目前运营商 NSA 组网选择的主流方式。

(3) Option4/4a

如图 1-11 所示。

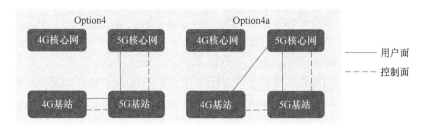

图 1-11　Option4/4a 示意

Option4/4a 中，4G 基站和 5G 基站共用 5G 核心网，控制面信令通过 5G 基站沟通。Option4 方式下，4G 基站的用户面数据通过 5G 基站与 5G 核心网沟通；Option4a 方式下，4G 基站的用户面数据直接与 5G 核心网互通。

（4）Option5 和 Option6

如图 1-12 所示。

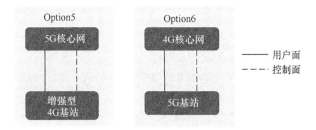

图 1-12　Option5 和 Option6 示意

Option5 方式先建设 5G 核心网，将 4G 基站升级为增强型 LTE（evolved LTE，eLTE）基站，接入 5G 核心网，实现增强 4G 网络功能，后续逐步部署 5G 基站。

Option6 方式先新建 5G 基站，接入 4G 核心网，实现部分 5G 网络功能，但不能支持网络切片等全部 5G 功能。由于功能限制，Option6 已被舍弃。

（5）Option7/7a/7x

如图 1-13 所示。

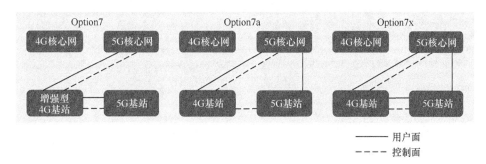

图 1-13　Option7/7a/7x 示意

Option7 和 Option3 类似，区别是将 Option3 中的 4G 核心网更换为 5G 核心网。

Option7/7a/7x 采用 5G 核心网，以 4G 基站为主站，负责与核心网进行控制面信令沟通；5G 基站作为从站与 4G 基站建立信令连接。4G 基站需做相应的升级改造。

Option7 方式下，5G 基站的用户面数据通过 4G 基站与核心网沟通；Option7a 方式下，5G 基站的用户面数据直接与 5G 核心网互通；Option7x 方式将 4G 基站不能传输的部分数据通过 5G 基站直接与核心网互通，其余数据仍使用 4G 基站进行传送。

（6）Option8/8a

如图 1-14 所示。

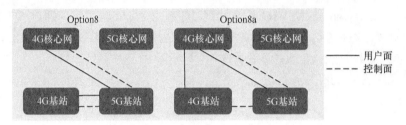

图 1-14　Option8/8a 示意

Option8/8a 方式下，5G 基站的控制面和用户面数据连至 4G 核心网；Option8 方式下，4G 基站通过 5G 基站与 4G 核心网沟通；Option8a 方式下，4G 基站的控制面通过 5G 基站与 4G 核心网沟通，用户面数据直接连至 4G 核心网。这两种方式需要对 4G 核心网进行升级改造，成本高、改造复杂，已在 2017 年 3 月发布的版本中被舍弃。

根据上述多种架构的描述，5G 独立组网与非独立组网之间的区别详见表 1-6。

表 1-6　5G 独立组网与非独立组网对比

分类	子类别	5G 独立组网	5G 非独立组网
架构	核心网	5G 核心网	LTE EPC，5G 核心网
	对应架构选项	Option2、Option5	Option3/3a/3x、Option4/4a 和 Option7/7a/7x
	与核心网的接口类型	NG-C/U	NG-C/U、S1-C/U
	无线网络	gNB、eLTE eNB	gNB、eLTE eNB、LTE eNB
部署	部署方式	热点覆盖，成片连续覆盖	热点覆盖，与 LTE 协同提供连续覆盖

注：NG 和 S1 分别为 5G 和 LTE 系统核心网与基站间的接口，C/U 代表控制面/用户面（Control Plane/User Plane）。

5G 独立组网有利于充分发挥 5G 网络的功能和性能优势，提供品质先进的 5G 业务；5G 非独立组网便于利用现有 LTE 网络资源快速部署，实现部分优于现网的功能。实际部署时，应综合考虑建网时间、业务体验、业务能力、终端产业链支持情况、组网复杂度以及网络演进来选择具体的组网方式。

对于较早期部署 5G 网络的运营商，主流的演进路线为　Option3x→Option7x→

Option2 或 Option3x→Option2。我国三大运营商启动 5G 部署时 SA 产业链尚不成熟，先期均采用 NSA 方式组网：不仅 5G 功能受限、4G 系统需要升级改造，而且同区域的 4G 和 5G 基站需要采用同一厂家的设备，限制了 5G 设备的选型；后期运营商都将在产业链成熟的条件下尽快向 SA 方式过渡。

第 2 章
5G 无线接入网关键技术

第 1 章介绍了 5G 技术概况及全球网络部署和频谱使用情况，包括 5G 无线接入网核心技术的引出，本章将较系统地就 5G 无线接入网的系列关键技术进行逐一论述和研讨，以在深入理解的基础上将其有效地应用于无线接入网规划设计之中。这些关键技术包括大规模阵列天线技术、UDN 技术、新型多址技术、全频谱接入技术、新型多载波技术、先进调制解调技术、灵活双工技术、全双工技术、终端直通技术、频谱共享技术和无线网虚拟化技术。

| 2.1　大规模阵列天线技术 |

2.1.1　MIMO 技术

研究表明，相同的时频资源通过多输入多输出（Multiple-Input Multiple-Output，MIMO）可以成倍地提升空口无线信道容量，MIMO 技术是指移动通信基站和终端使用多台发射机和多台接收机，每个射频端口连接多个天线单元。

MIMO 技术自 4G 系统中开始被引入，其突破了传统单流传输技术的瓶颈，成为提升频谱效率的研究方向，多天线空时编码技术得到了进一步发展。根据发射端和接收端天线数量的不同，天线技术可分为单输入单输出（Single-Input Single-Output，SISO）、单输入多输出（Single-Input Multiple-Output，SIMO）、多输入单输出（Multiple-Input Single-Output，MISO）和 MIMO。广播电视系统和无线电台（对讲机）系统一般使用 SISO，1G/2G/3G 系统的上行链路基站使用分集接收即 SIMO；4G 天线有多种传输模式（Transfer Mode，TM）：TM2 表示发射分集，即 MISO。对于 2×2 MIMO，基站端是两发（2 Transmit，2T），终端是两收（2 Receive，2R），即两台发射机连接两副发射天线，一部终端有两台收信机连接两副接收天线同时接收。4G 可支持的最大

MIMO 数是 8×8，即基站有 8 台收发信机连接 8 个天线端口同时发射，可供 4 部 1T2R 手机终端同时接收。

4G MIMO 可以工作在单发单收、发射分集、多流并行传输、波束赋形等多种方式，工作方式根据终端所处的无线环境、移动速率等进行配置，当环境条件无法满足多流传输条件时，可以回退到 TM2 发射分集的方式。多天线系统可以工作在空间分集、空分复用、波束赋形 3 种状态下。

1. 空间分集

无线电波在传播过程中由于传播媒介及传播途径随时间变化而引起的接收信号强弱变化的现象叫作衰落。两个间隔一定距离的无线设备之间存在直射、绕射、反射等多径信道，多径信道之间具有不同的衰落特点——即一条信道某时刻信号强，另一条信道同时刻信号弱，传统空间的接收分集就是利用两路以上接收机，通过接收机信号处理技术（选择性合并、最大比合并、等增益合并、切换合并），使接收机信号始终保持稳定强信号。到了 LTE 时代，利用信道互易原理，在发射机侧增加发射机和天线用于传输相同的数据流可以实现发射分集。两个天线振子之间的距离越远，多径信道之间信号衰落的不相关性越好，对于基站来说，增加天线之间的距离比较容易，对于终端来说，天线振子距离过大难以实现，通常天线之间的距离要求大于 $\lambda/2$ 即可满足。空间分集的主要作用是提升无线信号的接收强度，增强链路的健壮性和可靠性。

2. 空分复用

如果无线通信链路的收发两端均使用多副天线同时传输，则将大大提升信道的传输能力（即信道容量）——此时多副天线之间的数据采用不同的预编码调制，MIMO 信道空分复用技术所支持的数据流数（也称为层数、秩 Rank），取决于信道之间的相关性和信噪比情况，因此空分复用技术主要适用于传播环境中散射体较丰富且信道质量较好的场景。空分复用的主要作用是提升空口的带宽（即吞吐率）。只要天线振子之间的间距大于 $\lambda/2$ 就可以产生不相关的信号。

3. 波束赋形

波束赋形的算法是当今移动通信技术研究的热点之一，天线数越多，波束赋形的效果越好。大规模阵列天线可以产生一个精确的波束跟踪用户终端，这个波束是高增益窄波束，就会使天线的辐射能量集中投射到用户终端，而旁瓣辐射低能量面对其他用户，降低了对其他用户的干扰，使得被服务用户的信号干扰噪声比（Signal Interference Noise Ratio，SINR）更大，数据服务体验更加流畅。

在 LTE R8 中，每个终端只支持单层，波束赋形的原理是通过调整每个天线振子的相位形成几个大增益的窄波瓣的波束。基站一个扇区的天线阵列对不同的下行终端用户采用不同的波束。波束赋形通过改变天线辐射方向使目标用户增加了天线增益，旁瓣的能量相对更少，有助于减少小区之间的干扰，提高连接吞吐量和系统容量，波束赋形对小区边缘用户速率的提升尤其明显。R9 中，每个终端支持两层，4 层传输可由两个终端共享，每个终端接收两层数据，或者 4 层传输由 4 个终端共享，每个终端接收单层数据。R10 支持 8 层传输，使用两个码本空分复用，最大可以提供 4 流传输，要产生 8 流传输，必须使用波束赋形技术。

LTE 基站最大支持 8 端口天线，LTE FDD 基站通常使用 2T4R，TD-LTE 基站使用 4T4R 或 8T8R。8T8R 18dBi 高增益天线的每个端口 8 个振子，8 端口基站的振子数最大可达 64 个。

实现波束赋形的前提是基站知道用户所处的位置，这样基站就可以将电磁波辐射能量赋形到用户所处的位置。基站通过获取终端上报的信道状态信息（Channel State Information，CSI）或探测参考信号（Sounding Reference Signal，SRS）来判断终端所处的位置。FDD 上下行使用不同传播特性的频率，基站用上行的频率特性决定下行信道估计存在差异，而 TDD 制式下的信道互易性（上下行同频）比 FDD 制式更适合使用大规模天线技术。

2.1.2 大规模天线技术

5G 的 mMIMO 是在 4G MIMO 技术基础之上演进而来的。随着移动通信使用的频率越来越高，传输损耗越来越大，而天线振子变得很小，增加振子数量可以减少天线的半功率角，增加天线增益，天线辐射的能量更加集中，覆盖距离更远。

随着高速无线数据业务的飞速增长，需要更大带宽无线信道（空口信道容量）的支持，ITU 规定，5G 的峰值速率下行为 20Gbit/s、上行为 10Gbit/s，用户体验速率下行为 100Mbit/s、上行为 50Mbit/s。增加空口信道容量最直接的方法是增加射频带宽和发射功率，也可以通过增加空分复用中的层数来实现。5G 的射频信道带宽已经达到 100MHz（sub-6GHz）和 400MHz（毫米波），因低频段带宽资源受限、高频段功率受限，已基本接近极限。而 4G 网络的 8T8R MIMO 最大可支持 8 层传输，通过大规模天线技术增加传输层数是提升频谱效率的可选手段之一，因此 5G 网络引入了 mMIMO，也称 3D MIMO。经过试验网测试比较，国内 3.5/2.6GHz 频段的市区 5G 基站使用 192 振子天线的性价比较高。

大规模阵列天线可以将空口并行传输从 4G 的 8 流扩展到 16 流、24 流、32 流等，多流意味着增加更多的天线振子和射频收发信机，并且需要提供更多的正交信道，而 5G 的高频段小波长也为多天线集成提供了基础，随着天线振子数增多且天线之间的间距变小，天线之间的非相关性或正交性变差，4G 基于两个码本的空分复用最大可以提供 4 流传输，而要产生 8 流以上的传输则需要使用波束赋形技术，因为波束赋形可以形成波束更窄、更具指向性的高能量通道，用户之间的干扰更小，不同位置的用户可以使用相同时频资源但方向不同的波束同时进行服务，可以获得更大的多用户 MIMO（Multiple User MIMO，MU-MIMO）多流增益。因此，5G 的多流传输必然使用波束赋形技术，大规模阵列天线和波束赋形技术两者是天然结合体。

根据物理层无线空口信道承载的数据信息用途差异，无线空口信道的波束被划分为同步信号和物理广播信道块（Synchronization Signal and PBCH Block，SSB）波束和物理下行共享信道（Physical Downlink Share Channel，PDSCH）业务波束，每种信道分为多个波束。一般 SSB 最大包含 8 个波束（粗波束），国内 3.5GHz 频段的帧结构采用 2.5ms 双周期 DDDSUDDSUU，因此 SSB 波束只能是 7 个；而 PDSCH 业务信道规范定义最大可达 32 个波束（细波束），从测试结果看，PDSCH 业务波束尚不支持 32 个细波束。根据工业和信息化部的前期试验，国内 3.5/2.6GHz 频段的基站配置和大规模阵列天线配置如下。

宏站配置：64 收发信机（ Transceiver，TRX ）192 振子 AAU，32TRX 192 振子 AAU、16TRX 192 振子 AAU；发射功率 200W/100MHz。

微站配置：8TRX RRU，8×30W/100MHz；4TRX RRU，4×10W/100MHz。

皮站配置：4TRX AAU，4×250mW/100MHz。

2.1.3　波束赋形的原理

波束赋形是指利用波的干涉原理形成电磁辐射方向性明确的波束，图 2-1 所示为波束赋形。

图 2-1　波束赋形

多个天线振子发射的电磁波到达同一接收位置产生波的叠加和干涉现象，调整各天线收发单元的幅度和相位，使得天线阵列在特定方向上的发射/接收信号相干叠加，而其他方向的信号则相互抵消，这就是波束赋形的原理，如图 2-2 所示。假设天线振子发出的电磁波是平行的，以 4 个振子发射电磁波信号到达同一位置计算增益。波束赋形既可以在发射端实现，也可以在接收端实现。

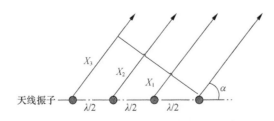

图 2-2　波束赋形的原理

$$X_1 = \cos\alpha * \lambda/2$$
$$X_2 = \cos\alpha * \lambda$$

$$X_3 = \cos\alpha * 3\lambda/2$$

最大增益角度 $\alpha=1+\cos[(X_1/\lambda)*2\pi]+ \cos[(X_2/\lambda)*2\pi]+ \cos[(X_3/\lambda)*2\pi]$。

实际使用过程中，天线振子数可多可少，天线振子数越多，波束的角度越窄，能量越集中；振子数增加一倍，波束角度减小一半。

如果要在天线前方偏右 15° 产生一个波束（2630MHz 频段），假设振子 1 的相位是 0°，振子 2、3、4 的相位分别移相 45°、90°、135°，移相通过移相器实现信号延迟，信号分别延迟 0.048ns、0.095ns、0.143ns。

2.1.4 波束赋形的分类

目前波束赋形主要有数字波束赋形、模拟波束赋形和混合波束赋形 3 种。模拟波束赋形主要对模拟信号进行调整和处理，信号处理过程位于天线阵元前端的数/模转换（Digital-to-Analog Conversion，DAC）之后，主要是对天线阵元的输出信号加权后进行空域滤波，以达到增强期望信号、抑制干扰信号的目的。通常一条射频（Radio Frequency，RF）链会与多个天线阵元连接，通过相移网络，使天线阵列在期望的方向形成能量集中的窄波束，从而大大降低硬件实现的复杂度，但牺牲了部分性能。模拟波束赋形与频率无关，可以在整个频谱进行，并且可以在 AAU 直接完成，每个波束连接到一个移相器，波束可以按水平和垂直维度进行设置。常见的固定波束扫描（Grid of Beam，GOB）算法属于模拟波束赋形算法。

GOB 算法预先设置指向空间每一个方向的波束，也就是说，将波束的方向提前定义成固定方向波束。天线阵元系统在工作时，根据上行参考信号的检测值，选择信号功率最强的一个方向，将这个方向定义为波束赋形要发射的方向。

GOB 算法的原理如下：一是将天线辐射方向分为 N 个区域，并为每个区域分配一个初始的角度；二是将各个已经设置好的区域的初始角度的方向向量看成该区域的加权系数，并计算接收信号的功率；三是找到最大功率对应的区域，将该区域的初始角度当作估计出来的期望信号到达的角度；四是利用时分双工上下行信道的对称性，确定波束赋形的最终角度。

数字波束赋形的信号处理在 DAC 之前的数字域基带进行，主要依赖 CSI，获得发射端/接收端需要的赋形矩阵，达到优化系统性能的目的。但全数字的波束赋形要求天线数与 RF 链数相同，一旦天线数较大，其系统复杂度和硬件代价将急剧增加。数字波束赋形中，每副单独的天线需要各自独立的基带信号输入，所有到达天线的信号应在数字基带域被处理，这样可以使用所有的维度，充分利用大规模天线的振子数。前面曾提到过，5G 基站的天线振子数为 192 个/64 通道，如采用理想的数字波束赋形，则需要配置 192 个 DAC，基带电路将变得非常臃肿复杂，功耗也将大大增加。常见的特征向量赋形（Eigenvalue Based Beamforming，EBB）算法属于数字波束赋形算法。

EBB 是一种自适应的波束赋形算法，可以根据无线通信物理信道的实际情况随时调整赋形波束的方向，比 GOB 算法明显优越。EBB 算法可以根据来波方向定义波束朝向多个不同的方向来发射。长期波束赋形趋势权重的调整速率一般为一秒一次，短期波束赋形趋势权重的调整速率一般为一秒 100 次，短期波束赋形可以提高性能但会增加计算量，导致由于平均采样量少而对误码敏感。EBB 算法原理如下。

（1）对于整个的小区覆盖的空间，找到接收信号功率最强的来波方向，然后定义赋形波束的矢量方向。

（2）通过对空间特征向量的特征值进行分解，解得空间矩阵的最大特征值，找到其对应的特征向量也就是最终需要的矢量权重。

GOB 算法和 EBB 算法的对比见表 2-1。

表 2-1　GOB 算法和 EBB 算法的对比

算法	GOB 算法	EBB 算法
高速移动	不支持	支持
低速移动	支持	支持
算法复杂度	低	高
算法特点	局部	全局
复杂无线环境	不支持	支持

为了最大化 MIMO 天线阵列的增益和降低 RF 链数，业界提出了数模混合波束赋形技术。在数模混合波束赋形结构的系统中，发射端的波束赋形矩阵分为模拟波束赋形矩阵和数字波束赋形矩阵两个部分，信号处理以混合的方式分别在数字域和模拟域进行。数模混合波束赋形设计可以减少硬件成本，降低功耗，同时还可以减少系统的性能损失。数模混合波束赋形系统可以分为全连接和部分连接两种架构：全连接结构中，每根 RF 链和全部的天线连接起来，可以充分利用所有天线阵列的增益；部分连接结构中，每根 RF 链和一个天线子阵列相连接，损失了一定的天线增益，但可以有效降低系统的硬件成本。

混合波束赋形使用了数字和模拟两种方法。数字式波束赋形有其不可替代的优点，不仅可以并行处理多路（如 100 路）信号，还可以并行获得很多路不同的输出信号，同时测量来自不同方向的信号，数字信号可以被完美地复制。而模拟信号却做不到，这也是 4G LTE 使用数字式波束赋形的原因。而 5G NR 则采用数字和模拟的混合波束赋形技术。

2.1.5　大规模天线波束模式

大规模阵列天线可以提供多维度波束，水平维度和垂直维度可以自由设置，根据扇区的覆盖环境灵活设计波束组合方式，由于 3GPP R15 没有规定波束模式，需要根据设备厂商提供的功能特别设置，一般预先设定 mMIMO 天线的波束模式，也有的厂商支持灵活自适应动态波束切换。根据覆盖区域的建筑物情况灵活设置，对于 6～7 层普通建筑物的场景，推荐设置为图 2-3 所示的模式。

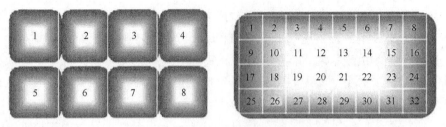

图 2-3 较多水平维度的波束赋形模式

而对于密集市区高楼较多的场景，推荐设置为图 2-4 所示的模式。

图 2-4 较多垂直维度的波束赋形模式

|2.2 UDN 技术|

5G 时代，移动网络流量将增加上千倍，用户体验速率提升 10～100 倍。采用无线编码技术、调制技术、多址技术等仅能提供不到 10 倍的容量提升；根据香农公式可以通过增加频谱带宽的方式提高速率，但在现实中，频谱资源以及产业链的成熟度也限制了频谱带宽的增加，增加频谱带宽的方法仅能提供几十倍的容量提升，远不能达到 5G 容量激增的需求。

此外，相比 4G 及以前的网络，5G 网络采用更高的频率，除了 3.5GHz 的主流频段外，毫米波甚至太赫兹频段也将用于 5G。高频段带来了很大的路径损耗，基站覆盖面积变小，为了"无处不在"的网络覆盖，需要建设更多的基站。根据相关预测，5G 基站的规模将是 4G 基站的 2～3 倍甚至更多。

UDN 旨在以更高的频谱效率，为用户提供全方位的立体覆盖和超高的用户体验速率，将是 5G 及以后网络解决容量和覆盖不足问题的重要手段。

2.2.1 UDN 架构

UDN 是通过增加单位面积内基站的数量，通过频率复用和合理配置基站能力等方式，进一步提升网络覆盖，提高系统容量及用户体验速率。

1. 网络总体结构

3GPP 定义的 5G 频段分为频率范围（Frequency Range，FR）1 和 FR2，即 6GHz 及以下和 24GHz 以上两个频率范围。5G 网络将是以 FR1 为先行频段、重耕 LTE 频段和拓展至毫米波频段的高中低频混合的网络，可以组成以 3.5/2.6GHz 或者更低频段作为广覆盖层、毫米波作为容量层的异构网络。其中，广覆盖层以宏基站为主，容量层及深度覆盖层以小微基站为主。如图 2-5 所示，超密集异构网络是由宏基站与小微基站或者小基站簇组成的立体覆盖网络。

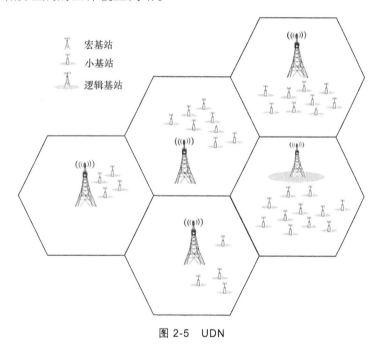

图 2-5　UDN

2. 基站回传及用户接入

传统的基站回传主要分为有线回传和无线回传两种方式，因为现有的无线回传方案需要额外的硬件设备和频谱资源，而且受到视距传播的限制，我国有线传输接入网已普遍建设，国内以有线回传为主，少量场景采用微波方式回传。在 UDN 中，因为基站数量的增加及容量需求的激增，为所有基站提供光缆资源不太现实，无线回传将是有效的解决办法。现有的无线回传技术仅能作为基站数据的纵向回传，难以实现基站之间的数据横向交互。UDN 选用与接入方式相同技术的无线回传方案，基站既作为终端接入点，也可以作为其他基站的中继，从而实现基站的灵活部署。此方案需要占用接入链路的资源，对网络整体容量有一定的影响，因此基于此的容量增强技术是UDN 研究的重点，多天线技术、网络能力智能化是主要方向。

3GPP R12 中引入了双连接技术，即终端同时通过两个基站接入网络，如图 2-6 所示。实际组网中，通常是同时通过一个宏基站和一个微基站接入，宏基站主要负责处理控制面功能，微基站主要负责数据面的能力提升；微基站通过宏基站建立与核心侧的连接，并对核心侧不可见以减少对核心侧的影响。5G NSA 网络也有双连接模式，5G NSA 终端可通过 4G 和 5G 两个接入网络与核心侧连接。

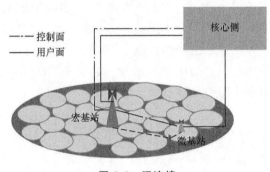

图 2-6　双连接

3. 典型应用场景

UDN 的典型应用场景包括：城市中央商务区、高档住宅区、机场航站楼、地铁车站和车厢、高铁车站候车区；以及有潮汐特征的体育赛事场地、大型演唱会场馆、展会场馆、校园等。

2.2.2　UDN 面临的挑战

UDN 相比传统蜂窝结构的网络增加了大量的基站，宏基站、微基站以及两者之间增加了很多的重叠区域和边界区域，因此在干扰、能耗和控制方面带来了很多挑战。

1. 系统干扰问题

在超密集场景下，高密度的无线接入站点共存，带来更多的区域重叠和更多的小区边缘区域，可能带来严重的系统干扰问题，甚至导致系统频谱效率恶化，系统吞吐量大幅下降。常用的干扰协调技术有小区合并和协作多点（Coordinated Multiple Points，CoMP）传输：前者会降低系统吞吐量，而且会随着小区数量的增加损失更严重；CoMP 的协调效果较好，但是随着小区数量的增加，协调信令呈指数级增加，因此可协调的小区数量有限，不能满足 UDN 场景下的干扰协调需求。

随着站间距和小区覆盖面积进一步减小，用户在小区间移动时，切换更加频繁，容易导致乒乓效应的发生，切换失败次数明显增加。同时也会导致信令消耗量大幅增加，用户业务的服务质量明显下降。

2. 基站能耗问题

根据实际工程统计，现有采用 mMIMO 技术的 5G 基站功耗是 4G 基站的 2 倍以上。

随着 UDN 中微基站的大量增加，供电需求也是需要考虑的问题。如此大的功耗，除了给运营商的运营成本带来极大的压力之外，对基础设施的压力也是极大的。如果两家及以上运营商在同一个已有站点内安装了 5G 宏基站设备，机房的供电系统通常将面临升级改造的压力。

2.2.3　UDN 关键技术

1. 转控分离与业务下沉

（1）转发与控制分离

将覆盖与容量分别交由不同的基站负责，即转发与控制功能分离。由区域中的一个主导基站提供控制服务，其他基站只进行数据业务服务，其控制功能由主导基站负责。针对宏基站+小微基站场景，由宏基站负责控制服务，提供广覆盖，小微基站仅承担数据接收和转发的角色。通过合理设计切换过程，提高移动性管理的有效性和稳定性。在没有主导基站（即小微基站+小微基站）的场景下，将多个小微基站虚拟为一个逻辑宏基站，其资源协同、缓存能力和干扰协调等进行"簇化"处理，由其中一个小微基站负责，或者将该功能集中部署到数据中心等节点，与数据业务下沉等功能统一考虑资源，提升网络容量和用户体验。

（2）数据业务下沉

为了应对大容量、大连接数据的本地化处理，降低对网络回传的要求，引入了边缘计算技术。根据实际应用场景按需部署 MEC 资源，实现数据的本地分流，并满足高实时性需求。5G 网络中核心网的"去中心化"需求将用户面功能（User Plane Function，UPF）下沉部署到特定场景，将计算、缓存等功能部署到靠近用户的网络边缘，降低了时延，节省了网络带宽，可满足低时延、高带宽业务的需求。

2. 多天线技术

分布式多输入多输出（Distributed-MIMO，D-MIMO）系统通过将分布在不同地理位置的天线联合起来发送数据，将来自其他基站的干扰信号变成了有用信号。采用对有重叠区域的基站进行"簇化"的方式，通过基站间的协调，消除这些站点的小区间干扰，处于小区边缘的用户，其上行信号由多点进行接收，达到上行增强的效果；另外，由于采用 MU-MIMO 技术，相比小区合并可以获得吞吐量增益。因此，D-MIMO是干扰解决和容量提升技术之一。因为天线点位的合理设置对发挥 D-MIMO 的优势至关重要，以及区域内的建筑物等障碍物也有很大的影响，所以 D-MIMO 技术适合在特定小范围内的 UDN 组网中发挥作用，如机场、地铁站厅、大型展馆、体育馆、商超等人流密集、业务量大的场景，并可根据业务量情况，动态开启 D-MIMO 功能。

mMIMO 利用大规模天线阵列各用户信道系数向量之间逐渐趋于正交的特性，使高斯噪声以及互不相关的小区间干扰趋于可以忽略的水平，从而大大提升系统内可以容纳的用户数量及小区峰值速率。因为天线阵子间距不能小于所用频段的半波长，所以随着频率越来越高，同样多的阵子天线的尺寸将越来越小。毫米波基站的应用使得mMIMO 天线的尺寸大大减小，其复用功能得到了提升。5G 时代，可将 D-MIMO 和mMIMO 技术相结合，降低系统干扰，提升系统容量；可采用波束赋形训练等手段，提升频谱效率。

3. 基站节能技术

基站节能技术主要分为硬件节能和软件节能。硬件节能主要是指降低设备本身的基础功耗，通常是采用更高性能的处理芯片及新型材料等，不断降低设备运行产生的能量消耗；软件节能是通过对设备运行的状态进行控制，通过智能化手段关闭不必要的设备能力和资源，从而达到降低能耗的目的。硬件节能方式一般会随着制造工艺和新材料水平的不断上升而逐步降低功耗，如设备的小型化、高集成化都会带来功耗的降低；而软件节能是最常见的改善设备功耗的技术。

非连续接收、亚帧关断、符号关断、深度睡眠等软件节能技术，在业务量不大的5G 部署初期有显著的节能效果。5G 成熟阶段，在业务量不集中的时段，可以通过临时关闭网络中的基站达到节能的目的，还可以根据业务量的实际情况，动态调整网络中微基站的接入与退出，即网络的自组织功能。未来甚至可以像电力公司那样，对业务量的波峰、波谷进行控制和引导，提高整个网络的运行效率。比如，在校园等业务量有明显潮汐效应的场景下，通过关断容量层的微基站，能够达到显著的节能效果。软件节能的重点是合理设定相关门限值，通过人工智能、大数据分析等手段，预测业务量的变化，提前进行关断操作，使基站设备的能效最优。

| 2.3　新型多址技术 |

为了满足三大不同的业务场景需求，采用一种无线信道资源调度方式显然不合适，为此 5G 网络提出了无线资源切片的概念，即针对不同的业务使用不同调制的信道资源，以实现灵活性和高效率。这就意味着空口技术变得更加复杂多样。

eMBB 业务是 5G 网络提供的业务之一，比现有的 4G 网络提供更大的带宽，最大下行峰值速率为 20Gbit/s。目前 5G 的 eMBB 和 URLLC 业务依旧使用 LTE 和LTE-Advanced 的下行正交频分多址（OFDMA）和上行离散傅里叶变换扩展的正交频分多址（Discrete Fourier Transform Spread OFDMA，DFTS-OFDMA）技术。

mMTC 业务主要是面对海量连接的物联网业务，之前华为推动 3GPP 将 NB-IoT纳入 R13 标准，之后我国和 3GPP 都提交了相关候选方案，2020 年 7 月 NB-IoT 已经被 ITU 采纳为 5G 标准，R17 阶段提出将 RedCap 作为 5G 物联的演进技术，丰富和完善 mMTC 业务场景实现。mMTC 下行业务仍然使用 OFDMA 方式，上行连接业务量较大，OFDMA 的信道容量可能存在瓶颈，R15 提出了多种非正交多址（Non-Orthogonal Multiple Access，NOMA）技术，将在后续研究确定。

我国的 5G 标准化推进组织提出了 3 种非正交多址方案，包括华为的稀疏码多址（Sparse Code Multiple Access，SCMA）技术、中兴的多用户共享接入（Multi-User Shared Access，MUSA）技术、大唐的图样分割多址（Pattern Division Multiple Access，PDMA）技术。3 种非正交多址技术的特点比较见表 2-2。

表 2-2　3 种非正交多址技术的特点比较

非正交多址技术		SCMA	MUSA	PDMA
多址原理		低密度扩频技术及多维调制	复数多元码调制及非正交调制	时域、频域、空域、功率域联合编码
多址维度	空域			√
	频域	√		√
	时域	√		√
	功率域		√	√
	码域	√	√	√
SIC 接收机		简单	简单	复杂
无须上行同步		√	√	
接入能力提升		3 倍	3 倍	3 倍

2.3.1　SCMA

OFDMA 中，同一小区的不同用户占用的业务信道（子载波）是正交、不存在干扰的，稀疏码本多址技术可以利用相同的子载波信道传输数据，如在 4 个信道上同时传输 6 个用户的数据，提升 1.5 倍的连接数。SCMA 的第一项关键技术——低密度扩频，将单个子载波的用户数据扩频到 4 个子载波上，然后 6 个用户共享这 4 个子载波。之所以叫作低密度扩频，是因为用户数据只占用了其中两个子载波，另两个子载波是空的，这就相当于 6 位乘客坐 4 个座位，每位乘客最多只能坐两个座位。如果单用户数据全载波上扩频，则同一个子载波上就有 6 个用户的数据，冲突太厉害，多用户解调将无法实现。

但是，4 个座位塞了 6 位乘客之后，乘客之间就不严格正交了——每位乘客占了两个座位，无法再通过座位号（子载波）来区分乘客，单一子载波上还是有 3 个用户数据冲突了，多用户解调还是存在困难。此时就用到了 SCMA 的第二项关键技术，称为多维调制。传统的同相正交（In-Phase Quadrature，IQ）调制只有两维——幅度和相位；通过多维调制技术，调制的还是相位和幅度，但最终使多用户的星座点之间的欧氏距离变大，多用户解调和抗干扰性能大大增强了。每个用户的数据都使用系统分配的稀疏码本进行了多维调制，而系统又知道每个用户的码本，就可以在不正交的情况下，把不同的用户最终解调出来。这就相当于虽然无法再用座位号来区分乘客，但是可以给这些乘客贴上不同颜色的标签，结合座位号还是能够将乘客区分出来。

SCMA 通过引入稀疏码域的非正交，在可接受的复杂度前提下，经过外场测试验证，相比 OFDMA，上行可以提升 3 倍的连接数，下行采用码域和功率域的非正交复用，可使下行用户的吞吐率提升 50%以上。同时，由于 SCMA 允许用户存在一定冲突，结合免调度技术可以大幅降低数据的传输时延，以满足 1ms 的空口时延要求。

2.3.2 MUSA

MUSA 是中兴公司提出的一种非正交多址方案，它充分利用了远、近用户的发射功率差异，在发射端使用非正交复数扩频序列对数据进行调制，并在接收端使用连续干扰消除算法滤除干扰，恢复每个用户的数据。MUSA 允许多个用户复用相同的空口资源，可显著提升系统的容量。理论仿真表明，MUSA 可以将无线接入网的过载能力提升到 300%以上。

2.3.3 PDMA

PDMA 是大唐电信提出的一种非正交多址方案，采用时域、频域、空域、功率域等多维联合编码方案，最大限度地利用日益稀缺的频谱资源，提升移动宽带应用的频谱效率和系统容量。PDMA 技术可使多用户的接入能力提升 3 倍以上，上行频谱效率提升 100%。

| 2.4 全频谱接入技术 |

2.4.1 全频谱接入的缘起

移动通信技术每隔十年经历一次革命性的变化，而且每一代移动通信技术都实现了性能的显著提升。过去这些变化的主要驱动力来源于视频和多媒体业务的快速增长，但随着智能家居、车联网、工业控制、环境监测等新型业务的不断涌现，5G 系统应运而生。5G 网络需要支持大容量、高速移动、大量增长的不同服务企业的应用以及用户的大量连接，可以在任何地点、任何时间通过任何方式实现通信。为了满足 5G 系统在这些场景下的应用要求，运营商需要大量的可用频谱资源提供有力支撑。然而，6GHz 以下的频谱资源日趋拥塞，在 6GHz 以上寻找 5G 可用的频谱资源成为必然选择。频谱资源的深度扩展可以为 5G 技术升级发展奠定坚实基础，而频谱资源的合理利用则将为 5G 网络的健康发展提供根本保障。在特定应用场景下的特定区域或特定时间段,采用频谱重耕和频谱共享技术有望成为提升 5G 系统频谱利用率的重要途径。

2.4.2　5G 频谱标准化进展

丰富的频谱资源是移动网络运营商实现良性循环的可持续发展的重要保障,如图 2-7 所示。"5G 发展、频谱先行"已在业内达成了广泛的共识。可以毫不夸张地说,没有丰富的频谱资源,5G 的发展就是无源之水。在世界相关标准化组织与各国政府的共同努力下,5G 频谱标准化工作已经取得了积极进展。依托单一频段的频谱很难独立满足 5G 多样化、多业务的高性能接入需求,5G 将是一个高频和低频组合使用的体系,地面移动通信系统将进入全频谱接入时代。全频谱接入涉及 6GHz 以下的低频段和 6GHz 以上的高频段。2015 年 11 月,第 15 届世界无线电通信大会(World Radio Communication Conference,WRC)确定了 6GHz 以下的 IMT 候选频谱以及 6GHz 以上 6～100GHz 范围内的候选频谱。

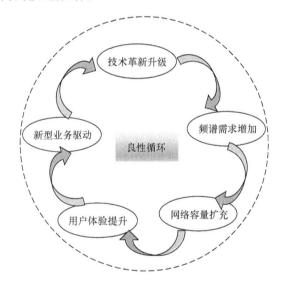

图 2-7　基于丰富频谱资源的良性循环的可持续发展模式

1. 6GHz 以下频谱

在 WRC-07 上,ITU 通过决议,将已划分给 IMT-2000 技术(3G)的频谱用于 IMT 技术(3G/4G/5G 等),新划分频率也不再区分具体技术,统一划分给 IMT 技术使用。因此,从无线电规则来说,已划分给 2G/3G/4G 系统的频率都可以被 5G 系统所使用,且由于已划分频率大都属于低频段,相对于更高的频率来说,具有更好的传播特性和穿透特性,若能深度挖掘其潜力,它们将成为 5G 系统部署的重要频率资源,满足用户移动性和时时在线的需求。

6GHz 以下频谱是 5G 频谱的重要组成部分，有利于实现广覆盖和室外到室内的覆盖。针对 WRC-15 1.1 议题的研究，4-5-6-7 联合任务组最终确定了 19 个频段作为 IMT 的潜在候选频段，见表 2-3。我国已经分配了 3300～3400MHz、3400～3600MHz、4800～5000MHz 频段作为 IMT-2020 的使用频段。

表 2-3　WRC-15 关于 6GHz 以下 IMT 候选频段的建议

序号	频段	初始频率（MHz）	上限频率（MHz）	带宽（MHz）
1	1GHz 以下	470	698	228
2	1～2GHz	1350	1400	50
3		1427	1452	25
4		1452	1492	40
5		1492	1518	26
6		1518	1525	7
7		1695	1710	15
8	3～6GHz	2700	2900	200
9		3300	3400	100
10		3400	3600	200
11		3600	3700	100
12		3700	3800	100
13		3800	4200	400
14		4400	4500	100
15		4500	4800	300
16		4800	4990	190
17		5350	5470	120
18		5725	5850	125
19		5925	6425	500

3300～3400MHz 频段主要用于无线电定位业务，国内该频段目前分配给雷达定位业务使用。考虑到该频段的实际占用度不高，且与 C 波段频率相邻，可以与 3400～3600MHz 连在一起，构成一个较大的连续带宽，满足未来较高速率业务的需求。

全球范围内，4800～4990MHz 频段主要存在固定业务和移动业务。在我国，这个频段内的主要业务是大容量微波接力干线网络、移动业务和射电天文业务。目前，大容量微波接力干线已逐渐被光纤替代。我国这个频段中已经登记的台站数很少，并且全国范围内的频率占用度都非常低。而射电天文业务可以通过适当的地域限制进行保护。

2. 6GHz 以上频谱

WRC-19 关于 6GHz 以上 IMT 候选频段的建议见表 2-4。

表 2-4　WRC-19 确定的 6GHz 以上 IMT 附加频段

序号	频段（GHz）	初始频率（GHz）	上限频率（GHz）	带宽（GHz）
1	24～28	24.25	27.5	3.25
2	37～41	37	40.5	3.5
3	45～47	45.5	47	1.5
4	47～51	47.2	48.2	1
5	66～71	66	71	5

考虑到 6GHz 以下可用频段极其拥挤的客观实际，6GHz 以上频段将是 5G 系统新频段的重要来源。6GHz 以上存在大量未开发的连续频段，尤其是毫米波频段。WRC-19 明确在 24.25～27.5GHz、37～40.5GHz、45.5～47GHz、47.2～48.2GHz 和 66～71GHz 中为 IMT 划分附加频段，见表 2-4。根据我国无线电业务划分、规划与具体使用情况，国家无线电监测中心推荐了 13 个潜在可用频段，带宽共计 31.4GHz，见表 2-5，并已将 24.75～27.5GHz 和 37～42.5GHz 作为 5G 技术的试验频段。

在我国的大力推动下，WRC-19 大会决定将 6GHz（6425～7125MHz）频段新增 IMT（5G 或 6G）使用标注列入 WRC-23 的 1.2 议题，对 6425～7025MHz 成为区域性 IMT 新频段和 7025～7125MHz 成为全球性 IMT 新频段进行立项研究。

表 2-5　我国 6GHz 以上潜在可用频段

序号	频段（GHz）	初始频率（GHz）	上限频率（GHz）	带宽（GHz）
1	5～7	5.925	7.025	1.1
2	10	10	10.6	0.6
3	12～13	12.75	13.25	0.5
4	14～15	14.3	15.35	1.05
5	24～27	24.65	27	2.35
6	27～30	27	29.5	2.5
7	43～47	43.5	47	3.5
8	50～53	50.4	52.6	2.2
9	59～64	59.3	64	4.7
10	71～76	71	76	5
11	81～86	81	86	5
12	92～94	92	94	2
13	94～95	94.1	95	0.9

3. 国内 5G 频段划分进展综述

2017 年 6 月，工业和信息化部分别对 6GHz 以下的 3300～3600MHz 和 4800～

5000MHz 两个频段、6GHz 以上的 24.75~27.5GHz、37~42.5GHz 及其他毫米波频段在 5G 系统中的应用征求意见，2017 年 11 月 9 日，工业和信息化部正式发布了 5G 系统在中低频段（3000~5000MHz）的频率使用规划，我国成为国际上率先发布 5G 系统在 6GHz 以下中低频段内频率使用规划的国家。规划明确了 3300~3400MHz（原则上限室内使用）、3400~3600MHz 和 4800~5000MHz 频段作为 5G 系统的工作频段；规定 5G 系统使用上述工作频段不得对同频段或邻频段内依法开展的射电天文业务及其他无线电业务产生有害干扰；同时规定，自发布之日起，不再受理和审批新申请 3400~4200MHz 和 4800~5000MHz 频段内的地面固定业务频率、3400~3700MHz 频段内的空间无线电台业务频率和 3400~3600MHz 频段内的空间无线电台测控频率的使用许可。2020 年 4 月，工业和信息化部将 702~798MHz 频段的频率使用规划调整用于移动通信系统，并将 703~743/758~798MHz 频段规划用于频分双工（FDD）方式的移动通信系统。

针对 6GHz 以上的高频率频段，我国重点关注 26GHz 和 40GHz 的兼容性研究工作；对于 24.75~27.5GHz/37~42.5GHz 频段，开展 5G 技术研发和电磁兼容试验；对于 20~40GHz 频段，探讨室外 eMBB 场景下的应用。

2.4.3 5G 频谱使用策略

6GHz 以下的潜在 5G 频谱主要来自 2G/3G/4G 以及其他行业未充分利用频段的重耕，6GHz 以上的新频谱是 5G 潜在频谱的另一个重要资源。可用频谱资源的深度挖掘固然重要，但其合理利用和高效管理也不容忽视，因此，需结合挖掘专用新频谱、重耕现有 2G/3G/4G 以及其他非移动通信领域的频谱和促进频谱共享多种手段来实现 5G 时代可用频段的高效利用。5G 频谱使用策略如图 2-8 所示。

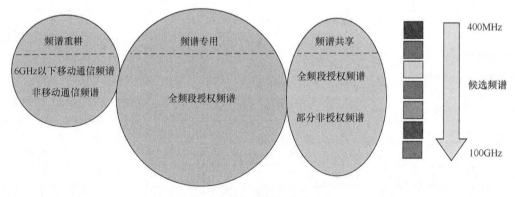

图 2-8 5G 频谱使用策略

1. 频谱专用

根据无线电管理频谱分配制度，频谱可以分为授权频谱和免授权频谱。移动通信服务主要采用两种不同的频谱接入方式来实现，分别为授权频谱专用和免授权频谱共享的方式。在授权频谱专用方式下，每个移动网络运营商对于被授予特定频段的频谱拥有专有使用权。自创立伊始，授权频谱专用即已成为移动通信系统成功部署的关键因素，至今仍是提供地面移动服务的默认模式。

频谱专用具有明显优势，主要包括：有效避免与其他网络运营商和企业及不同通信系统之间的干扰；提供良好的 QoS 保障。由于只有牌照持有方具有授权频谱的使用权，在部分区域、部分时间段，难以避免地存在频谱利用率偏低以及频谱需求和供应间矛盾突出的现象。

2. 频谱重耕

频谱重耕的主要目的在于释放目前具有较好传播特性且被占用的频段，把这些频段应用于移动通信系统。频谱重耕实施前，通过判断每个频段的占用状态和现有频段的重要程度，频谱监管部门需要权衡频谱重耕的必要性和可行性。因而，频谱重耕并不总是最佳解决方案，因为它是一个长期的过程，而且会产生额外成本。

在新一代移动通信网络部署之后，先前已有的移动通信网络不会立即停止运营，在退网之前通常还需长时间服务在网用户。在这个较长的过渡阶段，当在网用户数量远低于初期网络设计容量时，分配给先前移动网络的频谱利用率将会很低。我国 1GHz 以下的具有良好传播性能的频谱资源基本上用于 2G 网络，而 3G、4G 网络主要使用 2GHz 附近的频谱资源。需要说明的是，5G 时代的频谱重耕已不仅仅局限于移动通信系统未充分利用的频谱，也可延伸到其他应用领域适合移动通信系统且未充分利用的频谱。在这种情况下，频谱重耕旨在把非移动通信系统迁移到其他频段，然后把空余出来的传播特性良好的可用频谱应用于移动通信系统，例如应用于广电网络的 700MHz 附近的"数字红利频谱"与应用于雷达系统的 1～15GHz 微波频率范围。通过深度开发这些频谱的潜力，将为 5G 部署提供重要的频谱资源。

3. 频谱共享

在当前的频谱分配和使用政策下，频谱资源利用不均衡和利用率不高的弊端亟待消除。在这样的背景下，采用频谱共享的方式是一种很有前景的解决方案。频谱共享的优点主要体现在两个方面：第一，提高了频谱利用率；第二，对于不同类型服务的用户，可以提高附加容量。需要说明的是，频谱共享的实施必须满足事前约定的规则和需要，并且涉及各种协同协议和技术。频谱共享可以分为两大类，主要包括授权频谱共享和免授权频谱共享。

（1）授权频谱共享

根据授权频谱的授权方式不同，把授权频谱共享分为专有授权频谱共享和轻度授权频谱共享。

① 专有授权频谱共享。对于专有授权频谱共享，接入特定频段需要经过牌照持有者授权。按照授权频段的不同接入等级和可能的接入方案划分，授权频谱共享可以分

为单独接入、同级优先共享接入、授权共享接入。其中，在单独接入的情况下，频谱牌照的持有方以授权的方式与其他服务商共享授权频谱块，可以让牌照持有者获得额外收入。与单独接入方式不同，同级优先使用频谱则意味着牌照持有者需要经过国家监管部门的允许，通过相互协商或在国家监管部门的要求下以共享的方式共同使用授权频谱。同级优先接入的实现方法主要包括频谱池和互相租用。其中，在频谱池共享接入的情况下，国家无线电管理机构把特定频段的频谱分配给多个运营商，而不是单独分配给一个运营商。在互相租用的模式下，授权频谱已经以专用的方式单独分配给运营商，但是经国家无线电管理机构许可后可租给另一个运营商。而授权共享接入则主要是由 CEPT 提出的新型频谱接入方式。为了促进无线通信系统中的授权频段的协调使用，以较低的频谱授权费来提高频谱利用率，同时，这种新的接入方式将会给共享者增加额外的费用。利用这种接入方式，在一定的规则和非干扰基础上，非移动运营商牌照持有者可以与一个或更多的移动通信系统共享频谱。

② 轻度授权频谱共享。轻度授权在一种更为灵活和简化的管理框架下实现频谱授权，这种授权方法适用于干扰风险较低的频段。然而，为了确保一定程度的保护，最好能使现有用户避免干扰，在 60GHz 和 80GHz 等目标频段采用这种共享模式比较合理，这两个频段的传播特性有利于极大地减少干扰和提高数据容量。60GHz 和 80GHz 两个频段可以应用于无线/有线服务链路、回传以及毫米波天线技术。此外，英国的 5.8GHz 频段已经在授权频谱区作为无线宽带服务的候选频段；在韩国，24～27GHz 和 64～66GHz 已被批准用于移动回传和小基站通信。在目前监管区域的分类下，这种类型的接入介于专有授权和免授权之间，我们称其为轻度授权。因此，共享轻度授权频谱也是提高 5G 候选频段利用率的可选方案。

（2）免授权频谱共享

在免授权频谱共享模式下，免授权频段供拥有同等使用权的各种用户和服务使用。为了最大限度地降低干扰，在没有或低级别的干扰保护和接入保障的情况下，使用未授权频谱对于传输功率有特定的限制。这种类型的接入被称为集体使用接入，授权方式几乎都是免费。目前，对应的频段由工业界、科研界、医学界的 2.4GHz 和 5GHz 频段组成，在这里，可以是不同的服务如 Wi-Fi、蓝牙或两种技术共存，这个频段的 Wi-Fi 网络更多地被用来分担 3G/4G 网络的数据流量。

为了促进无线宽带业务的发展，全球范围内开放了大量免授权频谱给 WLAN 业务使用。针对 WLAN 等业务需求，我国已在 5GHz 频段分配了 325MHz 的带宽，并有望再增加 255MHz。国内运营商和个人用户在 5725～5850MHz 频段部署了大量接入点，但 5150～5350MHz、5470～5725MHz 频段的频谱闲置现象较为严重。因此，通过共享这些闲置且免费的免授权频谱资源，可以极大地缓减 6GHz 以下频谱资源日趋紧张的巨大压力。

可以看出，3 种频谱共享策略具有各自的优势与不足。另外，由于实现原理各不相同，实现难点也有明显差异。表 2-6 对 3 种全频谱使用策略的优势与不足及实现难点进行了简要总结。

表 2-6　5G 全频谱使用策略的优势与不足及实现难点

序号	使用策略	优势与不足	主要实现难点
1	频谱专用	几乎不受干扰,具有良好的 QoS 保障;可能存在频谱闲置现象	高频器件性能要求较高,高频段组网投资成本过高
2	频谱重耕	频谱利用率高,具有良好的 QoS 保障;可用频段有限,实施周期较长	需终端设备支持,存在行业壁垒
3	频谱共享	频谱利用率高;QoS 难以完全保证,受干扰概率较大	需较为复杂的协同机制,需增加额外的管理控制设备

2.4.4　全频谱接入应用展望

在 5G 时代,频谱专用仍将是频谱使用的主流方式,频谱重耕和频谱共享则是提高频谱利用率的有效补充手段。采用授权频谱专用为主、在用频谱重耕与部分候选频谱共享为辅的使用策略,有望破解频谱资源稀缺的难题。通过频谱的场景使用和按需应用,5G 频谱使用策略有望真正实现运营商期待已久的频谱价值和频谱效率的最大化。在工业界和学术界的不断探索与实践中,相关技术壁垒和应用难题有望实现突破和解决,从而可为 5G 的规模部署提供资源保障。

| 2.5　新型多载波技术 |

波形是无线通信物理层最基础的技术,也是 5G 重点研究的内容之一。OFDM 是广泛应用于 4G 系统中的多载波调制技术,其主要优点有频谱利用率高、抗多径衰落能力强、实现复杂度低、易与 MIMO 结合、抗码间干扰能力强等。但由于传统的 OFDM 技术存在峰均比高、对频率偏移敏感、信号带外辐射较大、灵活性较差等缺点,使其无法满足 5G 时代丰富的业务场景的需求。为克服上述缺点,业界提出了多种新型多载波技术,如基于滤波的正交频分复用(Filtered-Orthogonal Frequency Division Multiplexing,F-OFDM)、滤波器组多载波(Filter Bank MultiCarrier,FBMC)、通用滤波多载波(Universal Filtered MultiCarrier,UFMC)、广义频分复用(Generalized Frequency Division Multiplexing,GFDM)等。下文将从 5G 不同的场景需求出发,介绍这几种技术的原理及特点。

2.5.1　F-OFDM

对于传统的 OFDM 系统,其频域的子载波带宽是固定的,时域的符号周期长度是固定的,循环前缀(Cyclic Prefix,CP)和保护间隔(Guard Period,GP)也是固定的,单一的固定参数无法满足 5G 多场景的要求,针对这一问题,F-OFDM 技术应运而生。

F-OFDM 提出了一个新的理念：对于各种不同的应用需求，OFDM 应该能够灵活地配置各种参数。其基本原理是将整个频带划分为多个子带，每个子带可以根据实际业务需求来配置不同的波形参数。各子带通过子带滤波器进行滤波，从而实现各子带数据的解耦。

F-OFDM 系统框图如图 2-9 所示，在发射端，经过不同子载波的数据通过快速傅里叶逆变换（Inverse Fast Fourier Transform，IFFT）、加 CP 操作后，在频域上经过不同的子带滤波器，在射频端进行合并。F-OFDM 的接收同样是发射机的逆过程，接收端接收到信号后，分给不同的子带滤波器进行滤波，不同子带滤波器的滤波数据再按照传统 OFDM 系统进行接收处理。

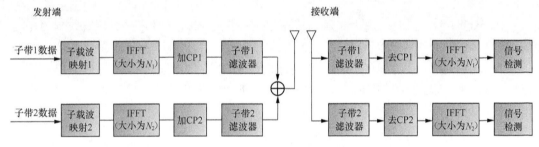

图 2-9　F-OFDM 系统框图

F-OFDM 技术的优点是可以将整个频段按照未来不同种类的业务进行精细分割，对空口实现灵活切片，更好地支持不同业务对带宽时延、可靠性的要求。此外，F-OFDM 每个子带可以认为是不重叠的，所以造成的频谱泄露很少，具有极低的带外泄露，不仅能提升频谱使用率，还可以有效利用零散频谱实现与其他波形的共存。

2.5.2　FBMC

对于 OFDM 系统而言，系统带宽内只有一个滤波器，所有的子载波都在这个滤波器内，而且需要子载波完全正交来保证子载波之间没有干扰。和 OFDM 不同的是，FBMC 是根据需要给每个子载波都加了一个单独的滤波器，滤波器经过特殊设计可有效消除符号间干扰（Inter Symbol Interference，ISI）。由于各子载波之间不必是正交的，允许更小的频率保护带，因此不需要插入 CP。

FBMC 系统框图如图 2-10 所示，输入数据经过串/并（Serial/Parallel，S/P）变换后，通过偏移正交幅度调制（Offset Quadrature Amplitude Modulation，OQAM）处理以消除相邻子载波之间的干扰，然后进入综合滤波器组，再经并/串（Parallel/Serial，P/S）变换后发送到信道，而接收端进行相应的逆变换，经分析滤波器组恢复原始数据。

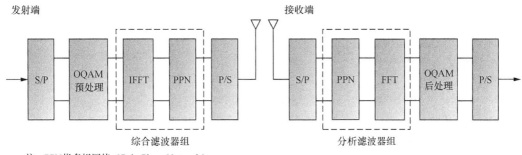

注：PPN指多相网络（Poly Phase Network）。

图 2-10　FBMC 系统框图

　　FBMC 有很多优点满足了 5G 技术的需求，如良好的带外抑制、不需要 CP、极高的频谱使用效率、各载波不需要保持同步、适合零散化的碎片频谱利用等。但对于 FBMC 而言，因为滤波器设计的需要，首先增加了设计系统的复杂度和设备的硬件开销；其次，因为 FBMC 没有通过 CP 而仅仅通过滤波器来抵抗信道间干扰(Inter Channel Interference，ICI)，在信道估计时存在很大困难，导致与 MIMO 结合的困难，这成为 FBMC 致命的缺点；最后，因为子载波的带宽很窄，所以相应滤波器的冲激响应通常很长，阶数很多，所以对于某些短突发传输的场合并不适用。

2.5.3　UFMC

　　FBMC 是对每个子载波独立进行滤波操作，而 UFMC 则是对一组连续的子载波进行滤波处理。很显然，当每组子载波的数量变成 1 时，对应的就是 FBMC。因此，UFMC 也被称为通用滤波 OFDM（Universal Filter OFDM，UF-OFDM）。

　　UFMC 系统框图如图 2-11 所示，在发射端，UFMC 的子载波分成 B 个子带，每个子带进行 N 点离散傅里叶逆变换（Inverse Discrete Fourier Transform，IDFT），实现由频域离散数据到时域离散数据的变换，接着对每个子带的时域信号进行滤波操作，然后由基带信号转换为射频信号输出。在接收端，首先将射频信号转换为基带信号，然后依次经过时域处理、S/P 转换和 $2N$ 点快速傅里叶变换(Fast Fourier Transform，FFT)后，最后对频域信号进行处理。

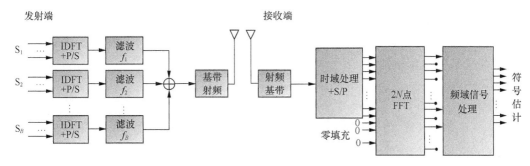

图 2-11　UFMC 系统框图

対一组连续子载波进行滤波可以使 UFMC 具有更大的灵活性，它除了具有 FBMC 传输的优点外，从低带宽、低功率的物联网设备到高带宽的视频传输，UFMC 都可以支持。相比于 FBMC 的滤波器长度，UFMC 技术可以使用较短的滤波器长度，这样可以支持短突发通信，作为 5G 系统支持 MTC（机器类通信）和低成本 IoT 传输的候选技术。而 UFMC 只须控制一组连续子载波的旁瓣和带外抑制，可以明显减少旁瓣对邻道的干扰，并降低滤波器实现的复杂度。

同时，在 UFMC 中，我们可以选择支持增加 CP。这会带来两个好处：首先，由于增加了 CP，提高了抵抗 ICI 的能力，更方便实现信道估计，进而和 MIMO 技术相结合；另外，根据 CP 配置的不同，UFMC 可以提供不同的子载波带宽和符号长度，可以满足不同业务的视频资源要求。

不过，虽然 UFMC 比 FBMC 有更多的优势，但在实际应用中，大尺度的时延扩散需要借助更高阶的滤波器来实现。同时，在接收机处也需要更复杂的算法，从而增加系统的复杂度。而因为 CP 并不是必须要添加，所以也会引起符号干扰和子载波间的干扰。

2.5.4　GFDM

GFDM 是一种采用非矩形脉冲成形的多载波调制系统，利用循环卷积在频域上实现 DFT 滤波器组结构。其将 S 个时隙和 M 个子载波上的符号块视为一帧，且不必在每一个符号前面都添加 CP，只需在一帧前面添加 CP，在避免帧间干扰的同时，提高了频谱利用率。

GFDM 发射机框图如图 2-12 所示，首先对发射数据流进行串/并转换，形成 K 路并行数据，然后经过 QAM 调制映射及 N 倍升采样后，与时域时延 mN 的成形脉冲 $g(n-m)N$ 做循环卷积，接着被各自子载波的中心频率调制再叠加，得到发射信号并加入 CP，最后经无线信道发射。

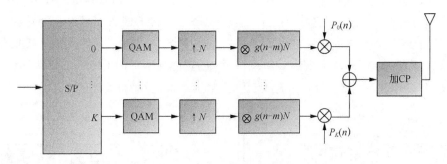

图 2-12　GFDM 发射机框图

根据不同类型的业务和应用对空口的要求，GFDM 可以选择不同的脉冲成形滤波器和插入不同类型的 CP。并且由于 GFDM 信号在频域具有稀疏性，可以设计较低复杂度的发射算法和接收算法。此外，GFDM 基于独立的块调制，通过配置不同的子载波与子符号，使其具有灵活的帧结构，可以适用于不同的业务类型。GFDM 的子载波通过有效的原型滤波器滤波，在时域和频域被循环移位，此过程减少了带外泄露，使目前的服务或其他用户之间不产生严重干扰，因而具有 FBMC 的抗 ICI 抑制能力。

2.5.5　多载波技术特点比较

上文介绍的多载波技术的一个共同点是通过滤波器的方式来降低带外泄露以及减小对时频同步的要求。FBMC 原理中所使用的滤波器组是以每个子载波为粒度的。通过优化的原型滤波器设计，FBMC 可以极大地抑制信号的旁瓣，而且与 UFMC 类似，FBMC 也通过去 CP 的方式来降低开销。而 UFMC 和 F-OFDM 方案中的滤波器组都是以一个子带为粒度的，两者的主要差别是：一方面，UFMC 使用的滤波器阶数较短，相比而言，F-OFDM 需要使用较长的滤波器阶数；另一方面，UFMC 不需要使用 CP，而考虑到后向兼容的问题，F-OFDM 仍然需要 CP，其信号处理流程与传统的 OFDM 基本相同。对于 GFDM 方案而言，根据一个 GFDM 块中不同的子载波以及子符号数配置，该方案可以把 OFDM 以及单载波的频域均衡作为它的一个特例。除此之外，与 OFDM 中每个符号都添加 CP 不同，GFDM 通过在一个 GFDM 块前统一添加一个 CP 的方式来降低开销。同时，在 FBMC 以及 GFDM 中通常使用 OQAM 调制来减小邻道干扰以及降低实现复杂度。

表 2-7 对 F-OFDM、FBMC、UFMC、GFDM 4 种新型多载波技术在各个指标下的性能特点进行了总结。

表 2-7　F-OFDM、FBMC、UFMC、GFDM 技术比较

多载波技术	F-OFDM	FBMC	UFMC	GFDM
峰均比	高	高	中等	低
带外泄露	低	低	低	非常低
频谱效率	中等	高	高	中等
复杂度	低	高	高	中等
CP	需要	不需要	不需要	需要
正交性	是	是	是	否
ISI	低	高	高	中等
同步要求	中等	低	低	中等
时延	中等	长	短	短

将表 2-7 中的各项指标进行归一化处理（0～10 分）之后的雷达图如图 2-13 所示，指标越高/越有利，则得分越高。

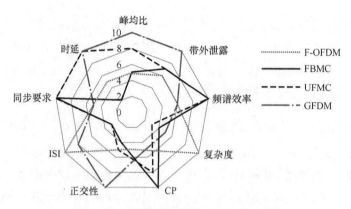

图 2-13　4 种多载波技术的对比雷达图

　　各设备厂商主推的新型多载波技术有所不同，如华为公司主推 F-OFDM；诺基亚和上海贝尔主推 UF-OFDM（即 UFMC）；中兴公司主推基于滤波器组的正交频分复用（Filter Bank-Orthogonal Frequency Division Multiplexing，FB-OFDM），即通过多个滤波器（即滤波器组）对传输带宽中的多个子载波分别滤波。测试显示，这些新型多载波技术有如下主要效果：一是通过大幅降低带外辐射，可有效支持相邻子带的异步传输；二是可满足 5G 系统在统一技术框架的基础上对不同场景下的、差异化的技术方案的支持。

| 2.6　先进调制与编码技术 |

　　香农编码定理指出：如果采用足够长的随机编码，就能逼近信道容量。1993 年法国教授 Berrou 和 Glavieux 提出了全新的 Turbo 编码，将两个简单分量码通过伪随机交织器并行级联来构造具有伪随机特性的长码，并通过在两个软输入软输出（Soft Input Soft Output，SISO）解码器之间进行多次迭代实现了伪随机解码。在加性高斯白噪声（Additive White Gaussian Noise，AWGN）信道条件下的仿真结果显示：误比特率不大于 10^{-5} 时，信噪比 E_b/N_0 仅为约 0.7dB，因此 Turbo 码被广泛应用于 3G 和 4G 系统的信道编码。

　　5G 既要提供比 4G 更高的速率，又要提供比 4G 更低的时延，但 Turbo 码采用迭代解码时延较大，对于超高速率、超低时延的 5G 需求，Turbo 码遇到了瓶颈，因此需要引入新的信道编码方式。

　　低密度奇偶校验（Low Density Parity Check，LDPC）码是由麻省理工学院的教授 Robert Gallager 在 1962 年提出的，这是最早提出的逼近香农极限的信道编码，受限于当时的环境，由于难以克服计算复杂性，因而没有推广。随着计算机处理技术的提升，近几年已经得到广泛应用，如中国国家卫星电视广播系统、中国国家地面数字视频广播系统、中国移动多媒体广播系统、ITU-T 高速家庭有线网络 G.hn、IEEE 的 802.11n/

802.11ac/802.16e 等的信道编码全都使用 LDPC 码。

极化码(Polar Code)是由土耳其比尔肯大学教授 E. Arikan 在 2007 年提出的,2009 年开始引起通信领域的关注。Polar 码提出较晚,但 Polar 码具有较低的编解码复杂度,不存在错误平层现象,误帧率比 Turbo 低得多;Polar 码还支持灵活的编码长度和编码速率,经过华为公司试验证明是可接近香农极限的编码方案。

通过 3GPP 全会讨论,确定 eMBB 业务的控制信道和数据信道使用不同的编码方案:数据信道使用灵活的 LDPC 码;控制信道由于不使用混合自动重传请求(Hybrid Automatic Repeat reQuest,HARQ),避免了时延大的问题,则采用性能优越的极化码。两种编码的特点比较见表 2-8。

表 2-8　LDPC 码和极化码的特点比较

英文名	中文名	性能(以 Turbo 码为参考)	时延	灵活性	实现复杂度
Polar Code	极化码	增益＞0.3dB	小	较好	成熟中,实现难度较高
LDPC 码	低密度奇偶校验码	较为接近	较小	好	已成熟,专利权比较复杂

为了进一步提升空口峰值速率,上下行除了使用和 LTE 相同的 QPSK、16QAM、64QAM 3 种调制方式外,还引入了 256QAM 调制方式。64QAM 调制是在一个符号传输 6bit 的信息,256QAM 调制在一个符号传输 8bit,相同的时频资源可以提升 33%以上的传输速率。当然,256QAM 调制对信号质量的要求更高,即更大的 SINR 值。

| 2.7　灵活双工技术 |

2.7.1　FDD 与 TDD

众所周知,移动通信系统存在两种双工方式,即频分双工(FDD)和时分双工(TDD)。FDD 系统的接收和发射采用不同的频带,而 TDD 系统在同一频带上使用不同的时间进行接收和发射。

实际应用中,两种制式各有自己的优势。和 TDD 相比,FDD 具有更高的系统容量,上行覆盖更大,干扰处理简单,同时不需要网络的严格同步;然而,FDD 必须采用成对的收发频带,在支持上下行对称业务时能够充分利用上下行的频谱,但在支持上下行非对称业务时,FDD 系统的频谱利用率将有所降低。

5G 网络将以用户体验为中心,实现更为个性化、多样化的业务应用。表 2-9 列出了不同业务上下行流量的比例,可以看出,不同业务上下行流量的需求差别很大。5G

建设初期采用 TDD 方式,可以灵活配置上下行信道资源——但非动态配置,同时也带来了干扰协调的复杂性。

表 2-9　不同业务的上下行流量比例

业务种类	上下行流量平均比例
在线视频	1:37
软件下载	1:22
网页浏览	1:9
社交网络	4:1
邮件	1:4
P2P 视频共享	3:1

2.7.2　灵活频带技术

随着在线视频业务的增加,以及社交网络的推广,未来移动流量将呈现多变特性:上下行业务需求随时间、地点而变化,现有通信系统采用相对固定的频谱资源分配方式,无法满足不同小区变化的业务需求。针对 5G 多样的业务需求,灵活频带技术可以实现灵活双工,促进 FDD/TDD 方式的融合。

灵活双工能够根据上下行业务的变化情况动态分配上下行资源,有效提高系统的资源利用率。根据其技术特点,灵活双工技术可以应用于低功率节点的小基站,也可以应用于低功率的中继节点,如图 2-14 所示。

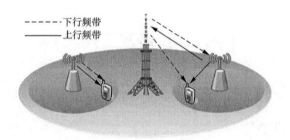

图 2-14　灵活双工示意

灵活频带技术将 FDD 系统中的部分上行频带配置为"灵活频带"。在实际应用中,根据网络中上下行业务的分布,将"灵活频带"分配为上行传输或下行传输,使上下行频谱资源与上下行业务需求相匹配,从而提高频谱利用率。如图 2-15 所示,当网络中的下行业务量大于上行业务量时,网络可将原用于上行传输的频带 f_4 配置为用于下行传输的频带。

灵活双工可以通过时域和频域的方案来实现。在 FDD 时域方案中,每个小区可根据业务量需求将上行频带配置成不同的上下行时隙配比;在频域方案中,可以将上行频带配置为灵活频带以适应上下行非对称业务的需求,如图 2-16 所示。同样地,在 TDD 系统中,每个小区可以根据上下行业务量需求来决定用于上下行传输的时隙数,实现方式与 FDD 中上行频段采用的时域方案类似。

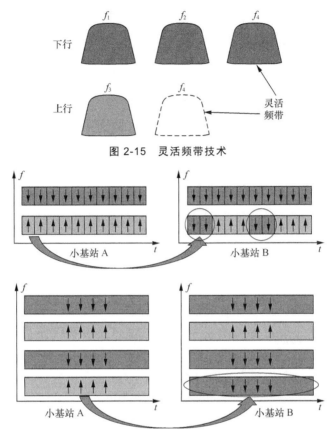

图 2-15　灵活频带技术

图 2-16　时域及频域的灵活资源分配

　　灵活双工不仅适用于 5G，也适用于 4G 增强技术。同时，灵活双工的设计也可以应用于全双工系统。灵活双工的主要技术难点在于不同通信设备上下行信号间的干扰消除。

|2.8　全双工技术|

2.8.1　全双工技术提出的背景

　　5G 时代，伴随着频谱效率提高带来的设备功耗大幅提升，高流量业务带来的频谱资源日趋紧张，如何进一步利用资源，提高移动通信系统的频谱效率和能量效率成为 5G 网络亟待解决的问题。

　　在主流的大规模天线阵列、UDN、新型多址、全频谱接入等 5G 关键技术以外，全双工（Full-Duplex，FD）技术因其频谱效率相比传统的半双工（Half-Duplex，HD）

技术大幅增加，也成为 5G 备选技术之一。

2.8.2 全双工技术简介

顾名思义，全双工技术是指一个无线收发信机在同一个载波频段上同时进行发射和接收双向通信，其相比 FDD 以及 TDD 系统容量可提升近一倍。但由于全双工模式下无线射频设备在接收信号的同时会受到自身发射信号的同频干扰，如何消除这种剧烈的自干扰成为该技术可否用于 5G 通信的关键所在。

2.8.3 全双工自干扰消除技术

主流的自干扰消除技术主要有电路算法消除、多天线交叉极化消除和空域隔离抑制 3 种。

1. 电路算法消除技术

电路算法消除技术分为模拟域和数字域两种，其中，模拟域电路算法消除技术是指在接收信号完成数字化之前，通过预测自干扰信号并生成一个反相的预测信号以抵消自干扰信号。该技术对传输路径比较敏感，目前比较有效的是自适应消除方案。

数字域电路算法消除技术测量和估计模拟域干扰消除后剩余的自干扰信号信息与强度，而后在数字域基带采样信号中生成反相数字信号以消除该干扰信号。

上述两种算法消除技术可组合使用，极大地提升自干扰抑制能力。

2. 多天线交叉极化消除技术

多天线交叉极化消除技术通过合理安排天线的方向和振子的极化方向，利用交叉极化的隔离度和天线的方向性来消除自干扰信号，如针对发射信号和接收信号分别采用水平和垂直两种偏振调制、两副发射天线不对称地放置在距离接收天线半个波长距离的位置等方式。

3. 空域隔离抑制技术

空域隔离抑制技术是指通过信道感知技术实现 MIMO 波束赋形、配合零空间投影和 MMSE 滤波等技术，把传统的 SISO 自干扰抑制推广到 MIMO 系统上。

2.8.4 全双工技术的应用场景

1. 在微基站（Small cell）通信系统中的应用

全双工技术在微基站通信系统中的应用方式主要有以下 4 种：

（1）基站向用户 A 发送信息，从用户 B 接收信息的链路采用全双工通信模式；

（2）针对每一个基站和用户之间的链路，采用全双工通信技术，此时用户和基站都处于全双工通信模式；

（3）两个用户之间的通信采用全双工通信，这种通信模式主要适用于机器间的 D2D 通信，这也是未来 5G 网络中的一种通信方式；

（4）以上 3 种全双工通信方式和传统半双工通信方式的结合。

在 UDN 场景下，采用基站全双工模式虽然会降低基站的覆盖性，但却提升了整个网络的平均可达速率。

2. 在中继协作通信系统中的应用

当前，中继技术已经在 LTE-Advanced、IEEE 802.16j 标准中有广泛的应用。在中继传输中使用全双工技术已经成为学术界和工业界提升下一代移动通信系统性能的主要解决方案。

为解决传统半双工中继一次传输需占用两个时隙的问题，业界提出了虚拟全双工中继（Virtual Full-Duplex Relay）技术，其通过设计一些中继协议使传统的半双工中继技术充分利用频谱资源，使其频谱使用效率逼近全双工通信系统。主要的虚拟全双工技术有 4 类：连续中继（Successive Relay）、双向中继（Two-way Relay）、缓存中继（Buffer-Aided Relay）、基于帧结构的虚拟全双工中继（Frame-Level Virtual Full-Duplex Relay）。

以上这些虚拟全双工中继机制在本质上都是采用一些物理层或接入层的协议设计等方案以提升传输的频谱效率，在本质上，中继并没有工作在同发同收的全双工模式下。随着 5G 技术的快速发展与演进，带内全双工中继（In-Band Full-Duplex Relay，IBFD）技术引起了学术界和工业界的关注。带内全双工中继技术可在同一个频谱上同时接收和发射信号，实现真正的全双工技术。带内全双工中继技术不仅将传统系统的频谱效率提升到了两倍，也给更高层的网络协议设计（如同步、调度和频谱资源分配等设计）带来了更多的灵活性。然而，前面已经提及过，带内全双工模式下中继接收机会受到来自发射机的严重自干扰。因此，如何有效地消除或者削减带内全双工系统的自干扰信号功率即成为影响带内全双工系统发展的重要问题。

2.8.5　全双工技术进展

1. 自干扰消除技术进展

近年来，人们提出了很多种真正的全双工自干扰抑制方法。Bharadia 提出了一种模拟电路域抵消方法，利用发射信号的复制信号来抵消接收回路中出现的自干扰，从而实现干扰抑制的目的。Everett 等人则讨论了利用天线的方向性和天线的交叉极化方式来隔离干扰的方法，通过合理安排天线的方向和振子的极化方向，接收天线和发射天线的隔离度可以达到 45dB 以上。Riihonen 等人研究了空域抑制的方法，该方法采用天线和波束选择、零空间投影和 MMSE 滤波等手段，把传统的 SISO 自干扰抑制推广到 MIMO 系统上。Duarte 提出了一种模拟和数字混合干扰抵消方法，可使自干扰抑制能力提高到 85dB 以上。

与此同时，除了物理层的变化，全双工技术的高层设计也有改变。多个研究小组研究了 MAC 层控制方法和 MAC 层协议，以便配合全双工通信方式物理层上的变化；另一些则讨论了在异构网络中采用全双工通信方式进行 D2D 通信以及大规模 MIMO 系统中进行 D2D 通信的方法；还有研究团队研究了全双工方式下的资源分配问题。

2. 全双工技术的 5G 应用进展

当前半双工模式是 5G UDN 的主流传输方式。因为在全双工系统中，通信设备处于同发同收的状态，移动终端会受到更加严重的干扰，包括其他基站的干扰信号、同小区内其他移动终端的干扰和全双工造成的环路自干扰等。在 UDN 中，采用半双工制式是一种常用且合适的用于抵消干扰信号的解决方案，目前我国 5G 网络主要采用的也是半双工模式的 TDD 系统。

随着全双工技术逐步走向成熟，基站全双工将逐渐运用到 UDN 中。但在全双工模式下，网络干扰非常复杂，至今仅对 LTE 终端有应用，在 5G 系统中的应用仍在研究中。

| 2.9　终端直通（D2D）技术 |

2.9.1　D2D 通信

设备到设备（D2D）通信也称为终端间的直接通信，相比其他不依靠基础网络设施的直通技术而言，D2D 更加灵活，既可以在基站控制下进行连接及资源分配，也可以在无网络基础设施的时候进行信息交互，甚至可以以处在网络覆盖中的用户设备作为跳板，将处于无网络覆盖情况下的用户接入网络。

在面向 5G 的无线通信技术的演进中，一方面，传统的无线通信性能指标（如网络容量、频谱效率等）需要持续提升以进一步提高有限且日益紧张的无线频谱利用率；另一方面，更丰富的通信模式和由此带来的终端用户体验的提升，以及蜂窝通信应用的扩展也是一个需要考虑的演进方向。作为面向 5G 的关键候选技术，D2D 具有潜在的提高系统性能、提升用户体验、扩展蜂窝通信应用的前景，因而受到了广泛关注。图 2-17 所示为 4G 系统中 D2D 功能的通信架构。

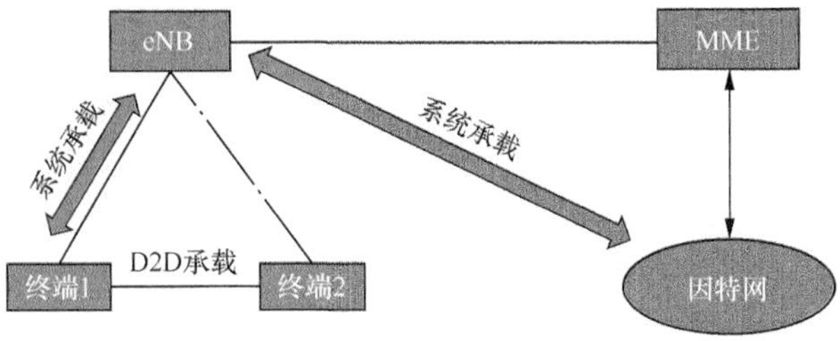

图 2-17　D2D 通信架构

2.9.2　D2D 关键技术

针对前述应用场景，涉及接入侧的 5G 网络 D2D 的潜在技术需求包括如下方面。

（1）D2D 发现技术，实现邻近 D2D 终端的检测及识别

对于多跳 D2D 网络，需要与路由技术结合考虑，同时考虑满足 5G 特定场景的需求，如 UDN 中的高效发现技术、车联网场景中的超低时延需求等。

（2）D2D 同步技术

一些特定场景（如覆盖外场景或者多跳 D2D 网络）会给保持系统的同步特性带来比较大的挑战。

（3）无线资源管理

5G D2D 可能会包括广播、组播、单播等各种通信模式，以及多跳、中继等应用场景，因此调度及无线资源管理问题相对于传统蜂窝网络会有较大的不同，也会更复杂。

（4）功率控制和干扰协调

相比传统的对等网络（Peer-to-Peer，P2P）技术，基于蜂窝网络的 D2D 通信的一个主要优势在于干扰可控。不过，蜂窝网络中的 D2D 技术势必会给蜂窝通信带来额外的干扰。

（5）通信模式切换

包括 D2D 模式与蜂窝模式的切换、基于蜂窝网络 D2D 与其他 P2P（如 WLAN）通信模式的切换、授权频谱 D2D 通信与非授权频谱 D2D 通信的切换等。先进的模式切换能够大大增强无线通信系统的性能。

2.9.3　D2D 的技术优势

D2D 技术具有以下几大优势。

（1）提高频谱效率

在 D2D 通信模式下，用户数据直接在终端之间传输，避免了蜂窝通信中用户数据经过网络中转传输，由此产生链路增益；其次，D2D 用户之间以及 D2D 与蜂窝之间的资源可以复用，由此可产生资源复用增益；通过链路增益和资源复用增益则可提高

无线频谱资源的效率。

（2）提升用户体验

随着移动通信服务和技术的发展，具有邻近特性的用户间近距离的数据共享、小范围的社交和商业活动以及面向本地特定用户的特定业务，都在成为当前及下阶段无线平台中一个不可忽视的增长点。基于邻近用户感知的 D2D 技术的引入，有望提升上述业务模式下的用户体验。

（3）扩展通信应用

传统无线通信网络对通信基础设施的要求较高，核心网设施或接入网设备的损坏都可能导致通信系统的瘫痪。D2D 通信的引入使得蜂窝通信终端建立自组织对等多跳 Ad Hoc 网络成为可能。当无线通信基础设施损坏，或者在无线网络的覆盖盲区内，终端可借助 D2D 实现端到端通信甚至接入蜂窝网络，无线通信的应用场景得到进一步的扩展。

2.9.4　D2D 的潜在应用场景

结合当前无线通信的发展趋势，5G 网络中可考虑的 D2D 通信的主要应用场景包括如下方面。

1. 本地业务

本地业务一般可以理解为用户面的业务数据不经过网络侧（如核心网）而直接在本地传输。

本地业务的典型应用包括社交应用、数据传输、蜂窝网络流量卸载等。

（1）本地社交应用

基于邻近特性的社交应用可看作 D2D 技术最基本的应用场景之一，用户可通过 D2D 的发现功能寻找邻近区域的感兴趣用户；通过 D2D 通信功能，可以进行邻近用户之间数据的传输，如内容分享、互动游戏等。

（2）本地数据传输

本地数据传输利用 D2D 的邻近特性及数据直通特性，在节省频谱资源的同时扩展移动通信的应用场景，实现广告、促销等信息的精确推送，为运营商带来新的业务增长点。

（3）本地蜂窝网络流量卸载

在高清视频等媒体业务日益普及的情况下，其大流量特性也给运营商的核心网和频谱资源带来了巨大的压力。基于 D2D 的本地媒体业务利用 D2D 通信的本地特性，可以在媒体服务器、邻近用户间实现业务分流，节省运营商的核心网及频谱资源。

2. 应急通信

当极端的自然灾害（如地震）发生时，传统通信网络基础设施往往也会受损，甚至发生网络瘫痪，给救援工作带来很大障碍。D2D 通信的引入可以在通信网络基础设施被破坏的情况下，终端之间仍然能够基于 D2D 连接建立无线通信网络，即基于多跳 D2D 组建 Ad Hoc 网络，保证终端之间无线通信的畅通，为灾难救援提供保障。另外，通过一跳或多跳 D2D，位于覆盖盲区的用户可以连接到位于网络覆盖内的用户终端，借助该用户终端连接到无线通信网络。

3. 物联网增强

"万物互联"是 5G 的重要应用场景。蜂窝物联网是物联网技术的重要分支，全球市场终端接入量呈快速增长态势，预计到 2024 年全球将有 240 亿台终端设备接入蜂窝物联网，而其中大部分终端设备都将是具有物联网特性的机器通信终端。如果 D2D 技术与物联网结合，则有可能产生真正意义上的互联互通无线通信网络。

针对物联网增强的 D2D 通信的典型场景之一是车联网中的车对车（Vehicle-to-Vehicle，V2V）通信。例如，高速行车时，车辆的变道、减速等操作动作，可通过 D2D 通信的方式发出预警，车辆周围的其他车辆基于接收到的预警对驾驶员提出警示，甚至紧急情况下对车辆进行自主操控，以缩短行车中面临紧急状况时的响应时间，降低交通事故发生率。另外，通过 D2D 发现技术，车辆能更可靠地发现和识别其附近的特定车辆，比如经过路口时的具有潜在危险的车辆、具有特定性质的需要特别关注的车辆——如载有危险品的车辆、校车等，而基于终端直通的 D2D 由于在通信时延、邻近发现等方面的特性，使得其应用于车联网车辆安全领域具有先天优势。

物联网通信中，由于终端数量巨大，网络的接入负荷成为严峻的问题之一。基于 D2D 将大量低成本终端通过 D2D 方式接入邻近的特殊终端，通过该特殊终端建立与蜂窝网络的连接，能够有效缓解基站的接入压力，而且能够提高频谱效率。并且，相比 4G 网络中的小小区架构，这种基于 D2D 的接入方式更灵活且成本更低。

例如，在智能家居应用中，可以由一台智能终端充当特殊终端；具有无线通信能力的家居设施以 D2D 方式直接或间接接入该智能终端，而该智能终端则以传统蜂窝通信的方式接入基站。基于蜂窝网络的 D2D 通信的实现，可能为智能家居行业的产业化发展带来实质性突破。

4. 其他场景

5G D2D 应用还包括多用户 MIMO 增强、协作中继、虚拟 MIMO 等潜在场景。

随着终端数量的持续超线性增长及业务需求日益多样化，可以预见，D2D 在 5G 时代将会扮演非常重要的角色，为建立真正意义上的广泛互联的移动网络提供重要支撑。

| 2.10　频谱共享技术 |

2.10.1　频谱共享简介

频谱共享技术一般分为静态频谱共享和动态频谱共享。静态频谱共享一般适用于 3G/4G 网络的频谱共享，例如 UMTS 和 LTE 的频谱共享或 CDMA 和 LTE 的频谱共享。在 5G 时代，频谱共享技术具备跨不同网络或系统的最优动态频谱配置和管理功能，以及智能自主接入网络和网络间切换的自适应功能，可实现高效、动态、灵活的频谱使用，以提升空口效率、系统覆盖，从而提高频谱综合利用效率。为了进一步提升频谱利用效率，动态频谱共享逐渐成为业界研究的热点，主要的频谱共享技术有非授权频谱上的 LTE（LTE in Unlicensed Spectrum，LTE-U）、授权辅助接入（Licensed-Assisted Access，LAA）、MulteFire、LTE 和无线保真（Wireless Fidelity，Wi-Fi）链路聚合（LTE Wi-Fi Link Aggregation，LWA）、授权共享接入（Licensed Shared Access，LSA）等。

根据授权情况的不同，频谱可分为授权频谱（Licensed Spectrum）、共享频谱（Shared Spectrum）以及未授权频谱（Unlicensed Spectrum）。授权频谱主要是各运营商被主管机构授权使用的频谱；共享频谱即使用既有且已分配于其他目的的频谱（不包括连续性或者是特定机构独占使用频谱）；未授权频谱即开放且无须经由主管机构授权使用的频谱，如 Wi-Fi、蓝牙使用的频段，但可能形成相互干扰。

随着动态频谱分配、认知无线电、软件无线电、多址、大规模多输入多输出天线、新型扩频码等技术的发展，频谱高效利用成为可能。然而，在现有静态的频谱管理方式下，频谱资源的使用主要存在以下两个矛盾：一是可用频谱资源稀缺，而已用频谱资源利用率低；二是频谱划分固定，但频谱需求动态变化。问题的根源在于频谱管理方式确定的频谱划分无法及时地根据需求做出调整。针对这些矛盾，采用动态的频谱管理方式进行动态频谱共享，能够显著提升频谱资源的使用效率。在以上新技术中，融合各种技术特色的动态频谱共享技术将是提高频谱利用率的根本方法。实现动态频谱共享的技术主要包括认知无线电与频谱资源池。

2.10.2　频谱共享技术分类

5G 频谱共享技术将扩展并增强 LTE 引入的多项频谱共享技术，具体包括：支持跨频谱类型聚合的授权辅助接入（LAA/LTE-U）、支持跨技术聚合的 LWA、与现有运营商和其他部署模式共享频谱的 LSA，以及支持在非授权频谱独立部署运行的

MulteFire，并将引入频谱共享的全新模式，如表 2-10 和图 2-18 所示。

表 2-10　频谱共享主流技术

共享方案	共享方式	是否授权频谱	部署策略
LSA	共享	授权	与现有运营商和其他部署模式共享授权频谱
LAA	载波聚合	跨频谱，锚定授权频谱，自适应开关	针对移动运营商在非授权频段使用 LTE 来实现新的小区部署
LTE-U	载波聚合	跨频谱，锚定授权频谱，自适应开关	针对移动运营商在非授权频段使用 LTE 来实现新的小区部署
LWA	跨技术聚合	跨频谱，锚定授权频谱，双连接	以现有 Wi-Fi 运营商为目标进行部署
MulteFire	共享	非授权	拓宽 LTE 生态系统用于增强型系统以及新的部署机会

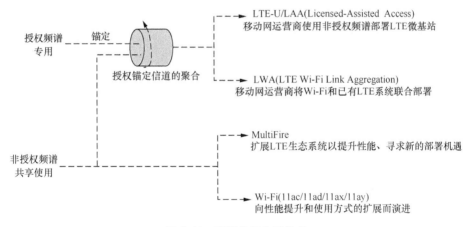

图 2-18　频谱共享主流技术

（图引自 Qualcomm Technologies, Inc. Progress on LAA and its relationship to LTE-U and MulteFire[R]. February, 2016.）

1. LSA

认知无线电是最常见的频率共享技术。利用集中式和/或分布式的检测方式或基于数据库的方式，在"时间"或"空间"维度主业务没有使用时，次级业务将某段频率使用起来；当主业务重新使用该段频段时，次级业务立即退出该段频率的使用。

广播电视业务使用的 700MHz 频段不但具有良好的传播特性和穿透特性，并存在时间维度和空间维度的"频率空洞"。可以利用认知无线电的技术手段，在广播电视业务没有使用的地区，将空闲频率用于移动通信业务。

然而，移动通信系统若单纯利用认知无线电技术使用其他业务频率则存在一些技术挑战。首先，当授权业务重新使用某一频率时，使用认知无线电技术的设备必须立刻退出频率使用，导致业务中断，无法有效保证用户体验。其次，当多台设备同时检测到某一频率可用并发起业务时，将产生相互之间的干扰，导致业务质量的明显下降。上述问题可以通过 LSA 技术来解决。LSA 与认知无线电技术最大的区别是：LSA 所使用的空闲频率也是授权频率，当频段内主用户暂时不使用时，仅允许付费的授权用户（运营商）使用。目前 ETSI 正在研究在 2300～2400MHz 频段上利用 LSA 技术实现移动蜂窝技术，与雷达、遥感及业余无线电等系统实现频率复用；FCC 也正在研究在 3.5GHz 频段使用 LSA 技术，实现主用户国防业务、优先接入用户医疗、当地政府机构以及其他授权用户（如无线电手机用户等）间的三层频率复用。在 5G 阶段，我国可以利用 LSA 技术在 700MHz、2300MHz 和 3600～4200MHz 频段实现移动蜂窝技术与广播业务、无线电定位技术和固定卫星技术的频率复用，以实现上述重要频率的高效使用。

2. 跨频谱/共享频谱类型共享接入

IEEE 阵营的 Wi-Fi 技术和 3GPP 阵营的 LTE 技术已经成为两项最成功的无线技术，前者以短距、室内覆盖为主，后者以广域覆盖为主，各有优缺点。一直以来，两大阵营在不断的博弈过程中也相互借鉴，业界也一直尝试将两大技术进行融合。

（1）非授权 LTE 接入（LTE-U）

如图 2-19 所示，LTE-U 主要是解决当前网络速率、容量和用户设备对需求产生的矛盾，采用 3GPP 的 LTE-A 载波聚合方案，即使用授权的频谱作为主载波，使用非授权的 2.4GHz 和 5GHz 这两种频段（和现有的 Wi-Fi 网络工作在同一个频段）作为辅载波，利用集中调度、干扰协调、HARQ、CA 等技术，获得更好的鲁棒性和频谱效率，提供更大的覆盖范围和更好的用户体验。

LTE-U 将授权频段作为主载波，终端可以在授权频段上与基站建立无线资源控制连接，通过载波感知获取当前空闲的非授权频段资源，实现授权频段和非授权频段的载波聚合，从而有效提升系统的性能和吞吐量。LTE-U 和 LTE/LTE-A 的差别只是工作在不同的频段，可以使用现有的 LTE 部署，不需要对网络结构进行改动，只需要对基站进行升级。

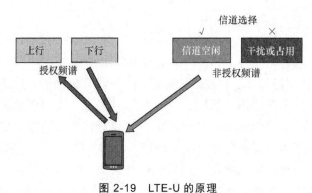

图 2-19　LTE-U 的原理

（2）授权辅助接入（LAA）

LAA 是 3GPP LTE Advanced Pro R13 规范的一部分，也是将 LTE 网络用于非授权

频段的技术。从频谱上看，LAA 主要针对的是 5～6GHz 免许可频谱。在非授权频段中使用 LTE 技术，基于载波聚合的架构，由授权频段载波作为主小区，非授权频段载波作为辅小区。同时，为了保证和其他在非授权频段工作的技术共存，采用了先听后说（Listen Before Talk，LBT）的信道竞争接入机制，能够有效规避与频段内现有系统的干扰问题，如图 2-20 所示。LAA 是一个非独立、即授权锚定的方案，即授权频谱与非授权频谱通过载波聚合的方式捆绑使用，而不能单独使用。LAA 是 LTE-U 的演进升级，演进方向为增强的 LAA（enhanced LAA，eLAA）。LAA 允许通信设备的下行链路使用未管制频谱，eLAA 允许通信设备的上行链路使用未管制频谱。

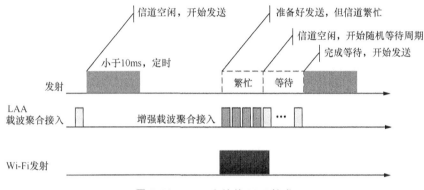

图 2-20　LAA 支持的 LBT 技术

（图引自 Qualcomm Technologies, Inc. Progress on LAA and its relationship to LTE-U and MulteFire[R]. February, 2016.）

　　LAA 与 LTE-U 方式类似，是授权频谱与非授权频谱通过载波聚合的方式捆绑使用，不可单独使用。两者的主要区别在于，LTE-U 是由 LTE-U Forum 提出的方案，在 3GPP R12 中体现，并且不需要强制实现 LBT 技术。LTE-U 技术并不是由 3GPP 组织开发和演进的，这点不同于 LAA，也是 LTE-U 的一大劣势。

　　（3）LTE 与 Wi-Fi 链路聚合（LWA）

　　LWA 是 3GPP LTE Advanced Pro R13 中纳入的最新功能，实现非授权频段 WLAN 和授权频段 LTE 的带宽聚合。通过全新业务架构实现 Wi-Fi 和 LTE 的聚合，通过很低的代价将非授权频谱的 WLAN 耦合到 LTE 系统中，从而大幅提升 LTE 的性能和 WLAN 的价值。基站和智能手机可利用 LWA 功能拆分数据流量，使一部分 LTE 流量通过 WLAN 进行隧道传输。对于同时拥有 LTE 和 WLAN 的运营商来说，LWA 能够以仅须软件升级的代价完成两种网络资源的融合及带宽聚合，从而提升客户体验。基于 QCell、Femto 等产品平台，通过推出针对室内高密度覆盖、家庭补盲等不同应用场景的 LWA 解决方案，将 LWA 作为 Pre5G 解决方案的一部分协助运营商实现 LTE 与 WLAN 网络资源的融合与优化，将授权频谱和非授权频谱有机结合，极大地提升网络的使用效率。LWA 组网如图 2-21 所示。

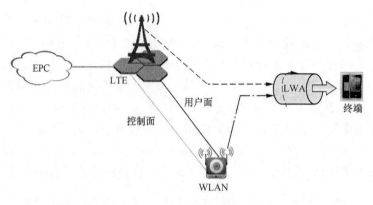

图 2-21　LWA 组网

3. 非授权频谱共享接入（MulteFire）

MulteFire 技术通过在非授权频谱上独立运行 LTE 技术来创建新的无线网络。具体来说，由于使用了多种 LTE 的复杂特征，MulteFire 网络能够为用户提供类似于 LTE 的高品质服务，即使在高度拥塞的环境中也能保证较好的网络性能和无缝移动性。而与 LTE 不同的是，MulteFire 可以在任何地方运行，无须额外的监管批准和成本高昂的频谱。此外，MulteFire 又能够像 Wi-Fi 网络一样易于部署，多个 MulteFire 网络可以共存、重叠或在同一物理空间内友好为邻。MulteFire 技术架构如图 2-22 所示。

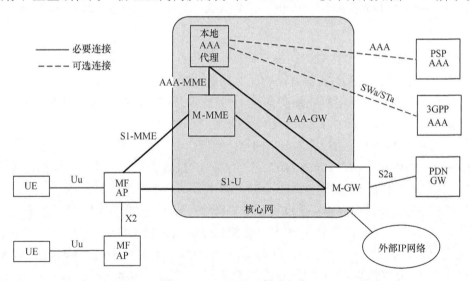

图 2-22　MulteFire 技术架构

2.10.3　5G 网络频谱共享

由于时间以及世界各国政府与运营商的问题，频谱共享技术在 4G 时代并没有得

066　Key Technologies, Network Planning and Design of 5G Wireless Access Network

到大规模使用。随着频谱共享标准制定、技术研发等工作的不断推进，5G 网络 NR 频谱共享在 LTE 频谱共享方案的基础上进行演进，以适应 5G 各应用场景的频谱需求。

1. 5G NR 频谱共享技术

2017 年 3 月，3GPP 批准了 5G NR 在非授权频谱方面的研究，包括 5G LAA 版本和独立式非授权频谱（5G MulteFire 版本），换言之，未授权频谱的 NR，包括 LAA 和 MulteFire，将成为 5G 演进的手段之一。该研究将最终推动 3GPP 在未来的发布中拓展 5G 的更多功能，成为 5G NR 频谱共享愿景的一部分。

2. 运营商与其他运营主体的频谱共享策略

（1）电视白频谱再利用

电视白频谱（Television White Space，TVWS）是指广播电视的空闲频谱，包括已分配未使用或未充分使用（如发射台停播时段）、相邻频道间的保护频段以及"模/数转换"频谱压缩技术腾退出来的"数字红利"频段，即 700MHz 频段。广播电视频谱属于低频段范畴，具有损耗低、绕射能力强的优点，是部署广域覆盖网络的优选频段。白频谱的应用主要是采用认知无线电技术，通过频谱感知、地理位置信息库及信标接收 3 种方法实现对白频谱的共享使用。电视白频谱的特性详见表 2-11。

表 2-11　电视白频谱的特性

优势/频率制式	700MHz	900MHz	固定 LTE
高速率/低时延	是	是	是
可承担资本投资	是	是	否
较好的非视距信号强度	是	否	否
大量可用免费波段	是	否	否

我国地面电视广播所使用的特高频（Ultrahigh Frequency，UHF）频段主要包括 470～566MHz 和 606～798MHz。

① 470～566MHz。WRC-07 会议决定，该频段不用于地面移动通信系统，但其邻频（450～470MHz）被规划为 IMT 频段。我国在 450～470MHz 频段的现有业务主要是公众通信和专用通信系统，该频段与地面电视广播的 DS-13 频道相邻。研究机构正研究在该频段开展 LTE 业务，包括频段方案、与其他业务的兼容性、干扰共存，其与地面电视广播的干扰共存方案还存在一些争议。

② 606～798MHz。WRC-07 会议决定，中国、韩国等国家可将 698MHz 以上的频谱用于 IMT。

因广电行业考虑到未来在超高清、3D 等新业务领域的发展需求，对数字红利频段的需求同样存在，因而通信业在数字红利频谱上的进展并不顺利。WRC 将考虑对 470～698MHz 频段（即数字电视微波接力频段）进行分配，因此建议对此频段采用频谱共享方式，在提升频谱利用效率的同时，解决运营商的低频段频谱资源需求。

同时，白频谱很可能是不连续的，可用的带宽亦不尽相同，采用 OFDM 技术难以实现对这些可用频谱的有效使用，可通过 5G 新型调制技术——FBMC 有效提升白频谱的利用效率。FBMC 技术的特点如下。

第一，原型滤波器的冲激响应和频率响应可以根据需要进行设计，各载波之间不必正交，不需要插入 CP。

第二，能实现各子载波带宽设置、各子载波之间交叠程度的灵活控制，从而灵活控制相邻子载波之间的干扰，并便于使用一些零散的频谱资源。

第三，各子载波之间不需要同步，同步、信道估计、检测等可在各个子载波上单独进行，因此 FBMC 技术尤其适合难以实现各用户之间严格同步的上行链路。

FBMC 中各子载波之间相互不正交，因而子载波之间就存在干扰；由于 FBMC 采用非矩形波形，容易导致符号之间存在时域干扰，需要采用干扰消除技术。因此，原型滤波器和调制滤波器的设计成为提升性能的重要手段，为了满足特定的频率响应特性要求，原型滤波器的长度要远大于子信道的数量，导致技术实现复杂度高，不利于硬件实现，仍须持续推动技术研究演进。

我国的电视白频谱之前主要由广电总局使用，未得到充分开发和利用。随着国家三网融合的发展，特别是中国广电（全称为"中国广播电视网络有限公司"）在 2019 年 6 月 6 日获颁 5G 牌照，其对移动通信频谱的需求也随之增加。2020 年 4 月 1 日，工业和信息化部发布通知将 702～798MHz 频段的频率使用规划调整用于移动通信系统，并将 703～743/758～798MHz 频段规划用于 FDD 方式的移动通信系统。自即日起，国家无线电管理机构不再受理和审批 702～798MHz 频段内新申请的广播业务无线电发射设备的型号核准许可，各省、自治区、直辖市无线电管理机构不再受理和审批 702～798MHz 频段内新申请的广播电视发射台（站）设置、使用许可；并规定为避免与移动通信系统产生有害干扰，对现有合法无线电台（站）进行必要的频率迁移、台址搬迁、设备改造等工作，产生的费用原则上由 700MHz 频段移动通信系统频率使用人承担；702～798MHz 频段相关移动通信系统基站设置、使用许可由各省、自治区、直辖市无线电管理机构实施。台站设置、使用人在申请设置、使用移动通信系统基站时，应在相关无线电管理机构的指导下，完成与同频段、邻频段内相关合法无线电台（站）的干扰协调工作。未完成干扰协调的，不得进行实效发射，也不得提出免受有害干扰的保护要求。

（2）毫米波频谱共享

5G 网络对高频段频谱的需求是低频段的数倍甚至几十倍，只能通过毫米波的大带宽来满足要求。根据 2018 年颁布的《中华人民共和国无线电频率划分规定》，高频段特别是毫米波频段很多为政府和军队所使用。从全球范围来看，也是这样的情况。

对毫米波的频谱共享需要国家层面进行推进和管控。一方面，要做好政府及军队部门对频谱使用情况的梳理和安全影响评估；另一方面，在保证安全的前提下，政府做好该段频谱的共享监管。政府监管机构的主要任务是频谱发现方式、门限值设

定、协同合作及地理位置信息系统的规定，以实现在不影响现有用户使用前提下的
频谱共享。

3. 运营商已授权频谱共享策略

运营商已授权频谱共享分为以下两个方面。

（1）运营商之间的频谱共享，即运营商将各自分配到的 5G 频谱进行共享。目前
中国电信、中国联通共建 5G 无线接入网就涉及这一模式的采用；而在 3.3～3.4GHz
频段，无线电管理部门则直接将该室内频段分配给 3 家运营商共用。

（2）运营商内部的频谱共享，即 5G 频段与 4G 频段的频谱共享。但这里的频谱共
享和 4G 的频谱重耕是有区别的，前者是频谱共享使用，有分时独占共享和分频段共
享两种情况，而后者是频谱的独占使用。5G 与 4G 频谱共享可选择上行共享或下行共
享，采用动态频谱共享技术来部署 5G，以利用现有的 4G LTE 低频段快速实现全国性
广覆盖。

过去数十年，无线网络中多制式共存于同一频段时使用的是频谱重耕机制，也就
是网络给不同制式静态分配固定频谱资源块。现阶段，通过在基站侧使用新的算法，
实现频谱资源的动态管理，并在制式间快速调度和分配，提升网络资源效率，改善用
户体验。

LTE 和 5G 能够实现时域和频域两个维度的灵活共享，即资源块（Resource Block，
RB）级共享，大幅提高频谱共享度和效率，如图 2-23 所示。3GPP 标准规定，LTE 和
5G 都使用 RB 来管理空口资源，使 LTE 和 5G NR 将可以以更精细（RB 级）和更快速
（ms 级）的方式实现频谱动态分配。

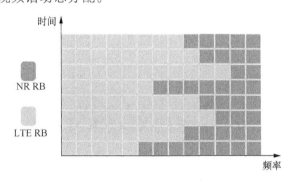

图 2-23　动态频谱共享

如果在 sub-3GHz 等存量频段上部署 LTE 和 5G，可以最大限度地利旧存量站点的
射频单元、天馈、供电、机柜等资源，通过轻量级网络改造，实现 5G 网络的广覆盖。
对运营商来说，也可大幅节约购买频谱的费用和网络部署的时间。

4. 上行解耦式共享

从 1G 到 4G，蜂窝通信技术都是按单频段进行设计的，FDD 频段上下行成对，TDD
上下行共用一段频段，该设计存在上下行不平衡的问题，严重限制了信号的覆盖范围。

进入 5G 时代, 使用的频段越来越高, 加上基站侧因大规模阵列天线增益、TDD 模式下时隙配比差异, 将会导致这种上下行覆盖不平衡的现象越发严重。下行方面, 由于通过 C 波段大带宽和多天线接收技术, 用户享受了更快的下载速率, 但由于 C 波段的传输特性, 以及终端上行发射功率等限制, 5G 小区的上行覆盖受限严重。如果和现有 1.8GHz 的 LTE 共站部署, 覆盖有明显短板, 只有小区中心的部分用户才能享受 5G 带来的更高速率体验。

上行解耦就是针对这一问题提出的创新频谱使用技术, 3GPP 中的正式名称是 LTE-NR 上行共存 (UL Coexistence)。当前 C 波段已经被确立为 5G 的首选频段, 为运营商提供了丰富的频谱资源, 但是覆盖半径比 sub-3GHz 小。在现有的 LTE 上行频段上实现 LTE 和 5G 新空口的动态频谱共享, 利用 C 波段丰富的频谱资源作为 5G 新空口的下行链路, 能够极大地扩展 5G 的覆盖范围, 实现 C 波段与 sub-3GHz 的同覆盖。

2.10.4　频谱共享应用展望

采用频谱共享技术可以获得更多的频率汇聚、增强的本地宽带以及实现构建专有的物联网。随着包括人工智能机器学习算法在内的技术的不断进步, 网络的共享能力和效率也将大大提升。

5G 系统具有低时延、大容量的特点, 但同时也是消耗频谱资源的大户, 同时, 多制式网络的频谱融合技术被视为 5G 系统的关键能力。通过精细化管理, 实现高、中、低频段的频谱共享, 从而提高频谱利用率, 是缓解频谱供需矛盾的重要手段。

为了使 5G 可以使用低频段频谱来实现广泛的区域覆盖, 在尚未获得新的低频段频谱前, 必须将现有的 4G 重耕到 5G, 这将造成移动数据量和需求之间的不平衡, 进而对 4G、5G 网络的频谱利用效率、用户峰值速率造成不良的影响, 因此需要在同一频段, 按需、灵活动态地分配频谱资源, 即实现频谱共享。

| 2.11　无线接入网虚拟化技术 |

5G 网络因为频段和业务的需求, 呈现出密集、复杂的网络结构, 基站数和部署密度将远超现有 4G 网络。随着 SDN/NFV 技术的不断发展, 移动网络核心侧设备的虚拟化技术已趋成熟。软硬件技术和能力的不断增强, 也为无线侧虚拟化提供了支撑。

2.11.1　3GPP 5G 无线接入网架构蕴含的虚拟化准备

3GPP 的 5G NR 架构如图 2-24 所示, 下一代核心网 (Next Generation Core, NGC, 又称 5GC) 和 NR 采用扁平化结构, gNB 为终端提供 5G 无线接入网的用户面和控制面信息，eLTE eNB 为终端提供 eLTE 无线接入网的用户面和控制面，可以同时支持。gNB 之间、eLTE eNB 之间、gNB 与 eLTE eNB 之间通过 Xn 接口互连。基站与核心侧网关 NG-GW 通过 NG 接口实现多对多连接。5G 建设初期，NSA 模式采用 3GPP 的 Option3/3a/3x，通过 eLTE eNB 接入 LTE 核心网 EPC，实现 5G 的高速率业务。

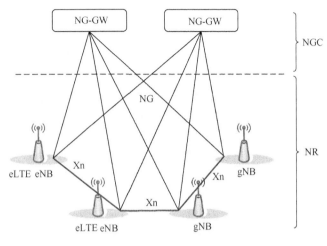

图 2-24　5G NR 架构

1. CU/DU 切分

5G 将无线基站切分成两个逻辑功能实体：CU 与 DU，架构如图 2-25 所示。gNB 由一个 gNB-CU 和一个或多个 gNB-DU 组成，gNB-DU 的功能实现由 gNB-CU 进行控制。gNB-CU 与 gNB-DU 之间通过 F1 接口连接。CU 侧重于无线接入网功能中非实时性的部分，主要是无线高层协议，并承接部分核心侧的功能，便于实现云化和虚拟化；DU 负责无线低层协议功能和实时性需求，目前尚不适用功能的虚拟化，通常采用专用硬件实现。3GPP TR 定义了 8 种 CU/DU 切分方案——Option1～Option8，逻辑位置分别在 RRC、PDCP、RLC、MAC、PHY 之后，其中 Option2 为高层切分方案，是标准化重点，DU 的部分物理层的功能可以上移至 RRU 完成。CU 可与 MEC 共同部署于 DC 机房，实现业务快速创新和快速上线。

CU/DU 分离的好处：一是可有效降低前传的带宽需求，DC 本地流量卸载/分流；二是提升协作能力，优化性能；三是灵活的硬件部署可降低成本，支持端到端的网络切片；四是支持部分核心侧功能下移；五是可降低系统时延。

2. 用户面（User Plane，UP）—控制面（Control Plane，CP）分离

5G 对时延的高要求需要将相关的网元下沉，对应于运营商网络重构中的边缘 DC，因而导致这一层面的网元数剧增，势必会造成网络的复杂度增加，由类似"树"形结构变成 Mesh 结构，导致运营商投入巨大，同时造成大量的信令迂回。因此，5G 网络将用户面与控制面分离以适应 SDN 架构的需求，支持网络可编程、可定制，将控制逻

辑集中到控制面：（1）降低分散式部署带来的成本，解决信令迂回和接口压力的问题；（2）提升网络架构的灵活性，支撑网络切片；（3）便于控制与转发分离，相比 LTE 实现完全的 UP-CP 分离，方便网络演进和升级；（4）支持多厂商设备的互操作。结合了 UP-CP 分离和 CU/DU 切分的 5G RAN 逻辑功能架构如图 2-26 所示，图中 CU/DU 切分采用 Option2 方案。

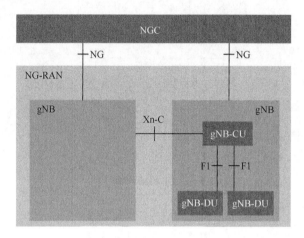

图 2-25　NG-RAN 架构

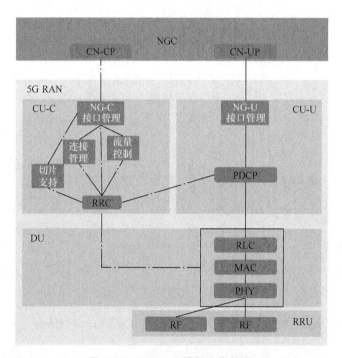

图 2-26　5G RAN 逻辑功能架构

从以上分析可以看出，5G 无线接入网架构为运营商的未来网络重构做好了准备，CU/DU 切分和 UP/CP 分离，可以为无线网络虚拟化及 MEC 提供较为完善的网络架构。

2.11.2　无线接入网虚拟化技术

无线接入网的虚拟化主要从两个方面分析,即网络资源虚拟化和网络功能虚拟化。网络资源虚拟化是对移动网无线侧的频谱资源、功率资源、空口资源进行虚拟化,虚拟化的结果作为网络功能虚拟化的基础;网络功能虚拟化是对无线接入网的数据单元和控制单元以及部分核心侧的功能进行虚拟化。通过这两个方面的虚拟化,实现对无线接入网资源的有效调度和利用,从而提升资源使用效率并很好地支撑 5G 网络切片。无线接入网虚拟化与承载网、核心网虚拟化相比,结构和特性更加复杂,不仅要考虑无线环境的不确定性、系统内外的干扰、信令调度开销以及高速移动性等问题,还要考虑前传、中传和回传网络的容量和时延限制问题。

1. 网络资源虚拟化

网络资源包括频域资源、时域资源、空域资源和功率资源,以及传输带宽等。对网络资源的虚拟化,是通过 SDN/NFV 技术,将这些资源池化,通过映射等手段,使得对无线接入网资源的调度和配置与网络资源的部署细节无关,从而达到对无线接入网资源的灵活化和最大化利用的目的。

如图 2-27 所示,虚拟网络控制器负责网络虚拟化,根据业务需求自动生成网络拓扑,并向虚拟资源控制器申请网络资源。节点链路控制器是根据网络可分配资源和不同业务申请所需资源的情况,进行底层网络资源与网络需求的合理分配。

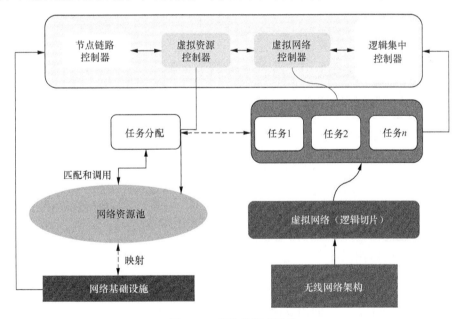

图 2-27　网络资源虚拟化

2. 网络功能虚拟化

网络功能虚拟化是通过 NFV 技术结合 SDN 技术的使用来实现的，NFV 技术上层业务云化、底层硬件标准化，将网络功能转移到边缘云的 VMs 中，采用的是成熟商用的服务器，这些 VMs 通过 SDN 技术实现与核心云 VMs 的互联互通。虚拟机可以较为容易地实现资源的分配与隔离，即软件功能与硬件能力的解耦，从而支撑 5G 网络的切片。为了满足不同的业务对时延等的不同需求，可以选择将网络功能设置在边缘 VMs 或核心 VMs。

NFV 分层视图如图 2-28 所示，管理和编排（Management and Orchestration，MANO）包括 3 个层次或部分：一是网络服务管理和编排，面向业务场景的网络服务与编排，网络服务的生命周期管理；二是虚拟网元管理和编排，虚拟网元的生命周期管理，虚拟网元相关的虚拟资源管理，虚拟网元的配置管理；三是虚拟资源管理和编排，NFVI 虚拟资源管理，包括计算能力、存储容量、网络功能等。

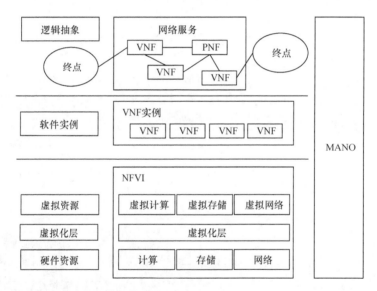

VNF：Virtual Network Function，虚拟网络功能。
PNF：Physical Network Function，物理网络功能。
NFVI：NFV Infrastructure，虚拟化基础设施。

图 2-28　NFV 分层视图

无线侧网络功能虚拟化，实现网络承载能力部署与覆盖需求的解耦，使网络节点能力的配置不受物理位置的限制，从而更好地为 5G 切片服务。

3. 无线接入网虚拟化面临的挑战

无线接入网虚拟化技术作为未来无线网络演进的方向，为实现网络端到端虚拟化等带来种种好处，但也因为目前的软硬件技术限制，存在如下挑战。

（1）通用硬件能力不足，对无线信号的处理达不到专用设备的水平。无线接入网需要密集型计算，通用硬件在功耗和处理能力上远不如专用设备，同时，5G 时代的超低时延要求也是通用设备难以满足的。

（2）无线接入网虚拟化比核心网更复杂。无线基站是分散部署的，集中化管理面临挑战，虚拟化设备的部署也是分散的。要在成千上万个基站及汇聚点实施虚拟化技术的通用设备安装并实时运行靠近用户侧的软件。而核心侧的虚拟化虽然较为昂贵，但因为集中度较高，实现难度相对较低。

（3）无线接入网虚拟化软件产品和虚拟化标准化也是需要注意的问题。无线网是多厂家设备共存的网络，开放和标准化程度直接影响最终的部署。

2.11.3 无线接入网虚拟化进展

1. 行业组织的 RAN 变革思路

电信基础设施项目（Telecom Infra Project，TIP）是由脸书公司主导、成立于 2016 年 2 月的一个开放性组织，旨在加速全球电信行业变革步伐，推动软件开源与硬件通用化。其开放无线接入网（Open RAN）工作组的主要目标是开发基于通用处理平台和分解软件的完全可编程 RAN 解决方案，侧重于将虚拟无线接入网（Virtual RAN，vRAN）解决方案分解为不同的组件，并确保每个组件都能有效地部署在通用处理平台上，以便它们可以从软件驱动开发的灵活性和更快的创新速度中受益。

O-RAN 联盟由中国移动于 2018 年 2 月在世界 GTI 峰会上倡导成立，该联盟将 C-RAN 联盟和 xRAN 论坛的成果相结合，旨在引导产业演进方向，推动新一代无线接入网的开放水平。该联盟将积极推进无线智能控制器（Radio Intelligent Controller，RIC）、CU、DU 及射频单元（Radio Unit，RU）间的重要接口重新定义。通过软件开源、接口标准化、硬件白盒化和网络智能化等设计，实现最大化复用共享，从而达到提高无线接入网对多样化业务的支撑能力、降低设备成本和运营成本的目的。O-RAN 联盟 2018 年 4 月发布了 1.0 版前传规范，7 月发布了 2.0 版本，在 1.0 版本的开放 RRU 与 BBU 接口的基础上完成了管理面的标准化。

2020 年 2 月，O-RAN 联盟与 TIP 达成联络协议，确保它们在开发可互操作的 Open RAN 解决方案方面的一致性。双方将共享信息和规范，并进行联合测试和集成工作。

2. 中国移动的 C-RAN 架构

集中处理、协作、云化和绿色的无线接入网（Centralized, Cooperative, Cloud and Clean RAN，C-RAN）概念是中国移动 2009 年提出的，并根据网络发展和演进逐步完善。C-RAN 旨在降低基础设施投入，提高网络资源的使用效率，实现资源共享，并有效解决高能耗问题。C-RAN 是相对于传统的分布式无线接入网（Distributed

RAN，D-RAN）来说的，也可称之为软件定义的无线接入网（Software Defined RAN，
SD-RAN）或 vRAN，通过 BBU 的集中化处理实现无线接入网的虚拟化。中国移动
基于 CU/DU 切分的 C-RAN 架构如图 2-29 所示，来自 2016 年 11 月发布的白皮书。
在物理部署上，根据基站前传条件，分为 DU 集中堆叠和 DU 分布式部署两种方式，
DU 放置位置的高低，将决定其提供服务的范围，位置越高，可以实现更多资源的统
一调度，对 DU 的能力要求也相应更高。目前作为 C-RAN 的初级阶段，BBU、DU
主要为集中堆叠方式。

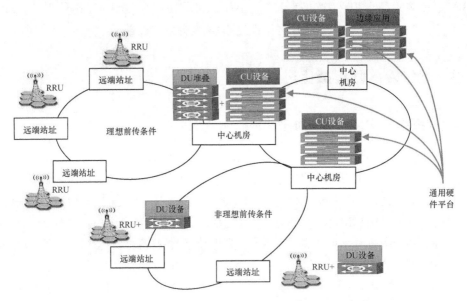

图 2-29　中国移动基于 CU/DU 切分的 C-RAN 架构

　　RAN 的网络功能虚拟化主要是指 CU 的虚拟化，CU 可以采用通用化的设备来实
现支持无线接入网的功能以及部分下沉的核心网功能，并可以结合 MEC 实现边缘应
用能力。DU 可以采用专用设备或通用设备实现，引入 NFV 框架之后，通过网络的统
一编排和管理，在 SDN 架构下实现对 CU/DU 的资源虚拟化管理。除白盒化小基站和
日本乐天移动据称已实现的开放接口 DU 设备，主流 DU 仍然采用专用设备。C-RAN
技术不仅仅是针对 5G 网络的，还可以针对其他制式的基站进行虚拟化。

3. 中国电信的目标网络架构

　　中国电信技术创新中心提出了 5G 智能无线接入网（Smart RAN，S-RAN），无线
接入网虚拟化技术是 S-RAN 的关键。中国电信 CTNet2025 目标网络架构的特征是简
洁、敏捷、开放、集约，为用户提供网络可视、资源随选、用户自服务的网络能力。
目标网络分为 3 层，即基础设施层、网络功能层和协同编排层，无线接入网功能分为
功能抽象层和专用设施两部分，配合 CTNet2025 目标网络架构的 DC 化改造方案将移
动网络描述成"三朵云"，其中"接入云"将无线接入网分成两部分：虚拟 BBU（virtual

BBU，vBBU）和专用硬件 DU/RRU 两部分。另外，移动边缘内容与计算（Mobile Edge Content and Computing，MECC）也和"接入云"融合，以满足超低时延、大容量业务的本地缓存需求。中国电信的目标网络架构如图 2-30 所示。

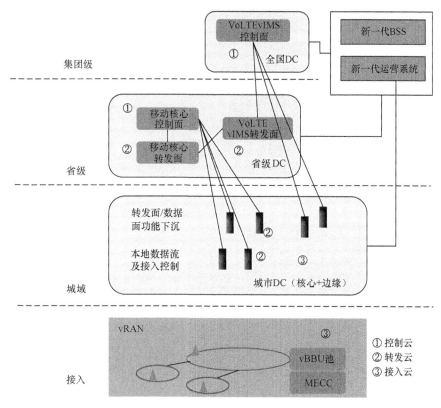

图 2-30　中国电信的目标网络架构

中国电信最早明确了初期 CU/DU 合设的技术路线，并于 2018 年 6 月在《中国电信 5G 技术白皮书》中发布，以便在较低复杂度的情况下实现快速、低成本的网络部署，后期 CU/DU 的分离和虚拟化进程将根据应用环境的需求推进。

4. 中国联通的小基站白盒化研究

中国联通在 2018 年提出了云化泛在极智边缘无线接入网（Cloud-oriented Ubiquitous Brilliant Edge-RAN，CUBE-RAN）的发展理念，旨在通过无线云化、多接入融合、管理智能化和边缘技术创新，实现网络功能和业务处理的融合，为移动无线接入网提供新动能。中国联通较早开始开展室内覆盖小基站的白盒化研究，联手业界合作伙伴进行产品研发。

MWC2019 世界移动大会上，中国电信联合英特尔、H3C 首次展示了完整的基于 O-RAN 概念的 5G 白盒化室内小基站原型机，中国移动也联合联想、英特尔等共同展示了业界首个 4G/5G O-RAN 双模云化白盒小站方案。2020 年已进入白盒化小站的测试阶段。

　　小基站配置低、技术实现相对简单，宏基站或常规配置基站的白盒化、整个无线接入网的虚拟化预计还需要较长的过程。而白盒化设备的应用同时对运营商的技术能力、软件开发和集成水平提出了更高要求，建设方式、运维模式也需随之更新。

第 3 章

5G 无线接入网规划

　　从第 2 章介绍的 5G 无线接入网关键技术可知，5G 无线接入网从架构组织到链路实现采用了多种新技术；较前代各制式，5G 基站采用更高的频段，带来了传播能力、基站分布的变化；5G 采用的大规模 MIMO 等提升了网络的覆盖性能和容量性能；同时，5G 时期室内覆盖系统的建设方式因为频段和速率、定位等要求提高也将发生较大的变化。本章通过对 5G 宏基站、室外微站、室内覆盖系统等的规划方法进行研究和分析（包括频段资源、覆盖能力、容量能力、质量评估、当前主流设备形态、组网架构和网管规划、网络共建共享等），形成 5G 无线接入网规划的指引。

| 3.1　频谱资源与频率规划 |

3.1.1　国内外 5G 频谱划分

　　根据 3GPP 38.101 协议的规定，5G NR 主要使用两段频率：FR1 频段和 FR2 频段。FR1 频段的频率范围是 450MHz～6GHz，又叫 sub-6GHz 频段；FR2 频段的频率范围是 24.25～52.6GHz，也称毫米波（mmWave）。其适用场景如图 3-1 所示，实线和虚线分别表示初期和后期的场景：初期 sub-6GHz 频段主要应用于连续广域覆盖、低时延高可靠、低功耗大连接三大场景，6GHz 以上频段则主要用于热点高容量区域。2019年世界无线电通信大会 WRC-19 进一步确定在全球范围内将 24.25～27.5GHz、37～43.5GHz、66～71GHz 共 14.75GHz 带宽的频谱用于 5G 和未来国际移动通信系统。

图 3-1　5G 空口技术与适用场景（参考自 IMT-2020《5G 无线技术架构白皮书》）

1. 国际频谱划分情况

表 3-1 是国外部分主要国家和地区分配给 5G 网络的移动通信频段情况，分中/低频段和高频段两大类。

表 3-1 国外部分主要国家和地区的 5G 频谱划分

国家/地区	频段	具体频段
欧盟地区	中/低频	700MHz，3.4～3.8GHz
	高频	24.5～27.5GHz
美国	高频	27.5～28.3GHz，37～40GHz
日本	中/低频	3.6～3.8GHz，4.4～4.9GHz
	高频	27.5～29.5GHz
韩国	中/低频	3.5GHz
	高频	26.5～29.5GHz
澳大利亚	中/低频	3.5～3.7GHz
中国	中/低频	2.5～2.6GHz，3.3～3.6GHz，4.8～4.9GHz

2. 国内频谱划分情况

表 3-2 是国内分配给运营商的移动通信频段使用情况，其中，5G 系统方面，中国电信、中国联通和中国广电分配到 3.5GHz 频段，中国移动分配到 2.6GHz 频段和 4.9GHz 频段，中国广电分配到 4.9GHz 和 700MHz 频段；ITU 的 2.1GHz、中国联通的 900MHz、中国电信的 800MHz 频段现已获重耕至 5G 的许可。

表 3-2 我国公众移动通信系统频段使用情况

运营商	系统	上行频率（MHz）	下行频率（MHz）	2G/3G/4G/5G 部署典型情况
中国移动	GSM/LTE（900MHz）	889～904	934～949	全市
	GSM/LTE（1800MHz）	1710～1735	1805～1830	全市
	TD-SCDMA（A 频段）	2010～2025		（待退网）
	TD-LTE（F 频段）	1885～1915		全市
	TD-SCDMA/TD-LTE（E 频段）	2320～2370		室内
	TD-LTE（D 频段）	2575～2635		市区全面部署；郊区部分部署
	5G（2600MHz）	2515～2675		
	5G（4900MHz）	4800～4900		
中国电信	CDMA/LTE（800MHz）；5G	825～835	870～880	全市
	LTE FDD（1800MHz）	1765～1785	1860～1880	全市
	LTE FDD（2100MHz）；5G	1920～1940	2110～2130	全市
	5G（3500MHz）	3400～3500		

运营商	系统	上行频率（MHz）	下行频率（MHz）	2G/3G/4G/5G 部署典型情况
中国联通	GSM/LTE（900MHz）；5G	904～915	949～960	全市
	WCDMA/LTE FDD（2100MHz）；5G	1940～1965	2130～2155	全市
	GSM/LTE FDD（1800MHz）	1735～1750	1830～1845	全市
	LTE FDD（1800MHz）	1750～1765	1845～1860	全市
	TD-LTE（2300MHz）	2300～2320		未部署，仅室内
	5G（3500MHz）	3500～3600		
中国电信、中国联通、中国广电	5G（3500MHz）	3300～3400		仅限室内部署
中国广电	5G（700MHz）	703～733	758～788	
	5G（4900MHz）	4900～4960		

3.1.2 我国 5G 频段的传播特性分析

1. 我国 sub-6GHz 下不同频段的覆盖能力差异

频段越高，室外路径损耗与室外至室内穿透损耗越大，相同的边缘速率条件下，如果仅考虑室外路径损耗差异，3.5GHz 站点规模为 2.6GHz 的 1.36 倍，4.9GHz 站点规模为 2.6GHz 的 1.93 倍，2.6GHz 室外组网具有覆盖优势。根据 3GPP 室外照射室内穿透损耗模型计算，该场景下 3.5GHz 比 2.6GHz 增加约 3dB 损耗，4.9GHz 比 2.6GHz 增加约 6dB 损耗，2.6GHz 组网在室外覆盖室内场景下优势也很明显。

在 1.8GHz LTE 与 3.5GHz 5G 基站 1∶1 建设模式下，仿真结果显示，5G 上行速率为 4G 的 0.5 倍，下行速率为 4G 的 10 倍，见表 3-3。5G 系统为上行受限系统，要达到 4G 相同或更高的上行覆盖品质需要增加基站密度。

表 3-3　4G 和 5G 边缘速率能力比较

制式	频段	上行边缘速率（Mbit/s）	下行边缘速率（Mbit/s）	备注
4G	1.8GHz	0.512	4	50%负荷
5G	3.5GHz	0.256	40	50%负荷

2. 毫米波频段的覆盖能力特点

与 sub-6GHz 频段相比，毫米波的传播距离更为有限，在很多场景下，毫米波的传播距离不超过 10m。根据理想化的自由空间传播损耗公式，传播损耗 $L=92.4+20\log f +20\log R$，其中 f 是单位为 GHz 的频率，R 是单位为 km 的距离，L 的单位是 dB。一个 70GHz 的毫米波传播 10m 之后，损耗就达到了 89.3dB。而在非理想的传播条件下，传播损耗还要大得多。毫米波系统的开发者必须通过提高发射功率、天线增益、接收灵敏度等方法来补偿这么大的传播损耗。

另一方面，传播距离过短有时候反而成了毫米波系统的优势。比如，它能够减少毫米波信号之间的干扰。毫米波系统使用的高增益天线同时具有较好的方向性，这也进一步消除了干扰。这样的窄波束天线既提高了功率，又扩大了覆盖范围，同时增强了安全性，降低了信号被截听的概率。

另外，"高频率"会减小天线的尺寸。在同样的空间里，我们可以塞入更多的高频段天线，从而可以通过增加天线数量来补偿高频路径损耗，且不会增加天线阵列的尺寸。这使在 5G 毫米波系统中使用 Massive MIMO 技术成为可能。

克服了这些限制之后，工作于毫米波的 5G 系统可以提供很多 4G 系统无法提供的业务，如高清视频、虚拟现实、增强现实、基站无线回传、短距离雷达探测、密集城区信息服务、体育场/演唱会/购物中心无线通信服务、工厂自动化控制、远程医疗、安全监控、智能交通系统、机场安全检查等。毫米波频段的开发利用，为 5G 应用提供了广阔的空间。

3. 5G 室内覆盖频段的特征

5G 室内覆盖频段主要分为 sub-6GHz 频段与 6GHz 以上毫米波频段，我国从 2017 年开始为 5G 系统规划工作频段，已有 700MHz、2.6GHz、3.5GHz、4.9GHz 四段已规划和分配的频段，并特别明确 3.3～3.4GHz 只能用于室内，由中国电信、中国联通、中国广电共同使用，中国移动的 5G 室内覆盖则主要选择在 2.6GHz 频段处。

在室内覆盖系统中，为满足室内覆盖多天线、小功率的规划原则与天线室内牢固、美观的安装要求，室内覆盖天线的尺寸、重量都受到了相当的约束，相对于波长更长的 sub-3GHz 频段，sub-6GHz 频段在支持同等调制阶数下，天线与远端模块尺寸更小、重量更轻；而相对于波长更短的毫米波频段，sub-6GHz 频段具有更好的传播特性，更容易在室内复杂传播环境下保证信号覆盖。

3.1.3 我国 5G 频段的电磁兼容情况与处置

我国现已规划和分配的 5G 频段电磁兼容和干扰协调问题存在于 2.6GHz 和 3.5GHz 频段，下面分别论述。

1. 2.6GHz 频段 5G NR 系统与其他移动通信系统共址时的干扰协调

2.6GHz 频段 5G NR 系统与其他移动通信系统共址时，需预留足够的干扰隔离距离，以及天馈系统自身的安装和维护空间，通常要求满足以下几点。

（1）2.6GHz 频段 5G NR 系统与 D 频段 TD-LTE 系统邻频，应设置对齐时隙以避免交叉时隙干扰。

（2）2.6GHz 频段 5G NR 系统的大规模天线阵与 900MHz GSM/NB-IoT、800MHz CDMA 1x/NB-IoT、900MHz/1.8GHz LTE FDD、2.1GHz WCDMA/LTE FDD、A 频段

TD-SCDMA、F 频段 TD-LTE、3.5GHz 5G NR、4.9GHz 5G NR 系统的定向天线并排同向安装时, 通用的隔离要求可按水平隔离距离不小于 0.5m、垂直隔离距离不小于 0.3m 设置。

（3）由于老旧 900/1800MHz GSM 设备的阻塞指标要求较低, 2.6GHz 5G NR 系统的大规模天线阵与老旧 900/1800MHz GSM 系统的定向天线并排同向安装时, 水平隔离距离要求不小于 0.9m, 垂直隔离距离要求不小于 0.3m。

（4）如果天面空间有限, 无法满足（2）中的通用要求, 可按表 3-4 的最小隔离距离设置天线, 并应保证天馈系统的安装和维护空间。

表 3-4　2.6GHz 频段 5G NR 系统与其他移动通信系统共址时的最小隔离距离要求

系统类型	CDMA1x/NB-IoT（800MHz）	GSM/NB-IoT（900MHz）	DCS	LTE FDD（1.8GHz）	WCDMA/LTE FDD（2.1GHz）
水平隔离距离（m）	0.4	0.4	0.9	0.2	0.2
垂直隔离距离（m）	0.3	0.3	0.3	0.2	0.2
系统类型	TD-SCDMA	TD-LTE（F）	TD-LTE（D）	5G NR（3.5GHz）	5G NR（4.9GHz）
水平隔离距离（m）	0.2	0.2	时隙对齐	0.2	0.2
垂直隔离距离（m）	0.2	0.2	时隙对齐	0.1	0.1

2. 2.6GHz 频段 5G NR 系统与北斗一代卫星导航系统等无线电台（站）的干扰协调

根据我国无线电频谱划分方案, 在 5G NR 系统使用的 2.6GHz 频段（2500～2690MHz）附近, 有如下无线系统存在。

① 低端: 2483.5～2500MHz 频段, 分配给移动、固定、无线电定位、卫星移动（空对地）、卫星无线电测定（空对地）使用。

② 高端: 2690～2700MHz 频段, 分配给卫星地球探测、射电天文以及空间研究业务; 2700～2900MHz 频段, 分配给航空无线电导航、无线电定位业务使用。

在 2.6GHz 频段的低端, 主要是 5G NR 系统与北斗一代卫星导航系统的干扰; 而在 2.6GHz 频段的高端, 主要是 5G NR 系统与航空无线电导航系统的干扰。

（1）5G NR 系统与北斗一代卫星导航系统的干扰协调

5G NR 系统与北斗一代卫星导航系统的干扰主要是 5G NR 系统的基站和终端对北斗系统终端的干扰。

如果以北斗系统终端的接收机灵敏度降低 1dB 为其干扰保护标准, 则需要的干扰隔离距离要求见表 3-5。

表 3-5　5G NR 系统（2.6GHz）与北斗一代卫星导航系统的干扰隔离要求

隔离距离	非视距（Non Line of Sight, NLOS）	视距（Line of Sight, LOS）
gNB→北斗系统终端	40m	270m
NR UE→北斗系统终端	20m	76m

考虑到北斗系统终端的移动性，其所受到的干扰为瞬态干扰，因此，从整体看，5G NR 系统与北斗系统基本满足共存的要求。

为规避对北斗系统终端的干扰，除增强北斗系统终端的抗干扰能力外，建议综合采取以下缓解干扰的工程措施：一是 5G NR 系统的基站选址及建设时，保证周围一定范围内没有北斗系统用户活动；二是通过网络优化实现 5G NR 网络的良好覆盖，避免 5G NR 系统的基站和终端以最大功率发射。

（2）5G NR 系统与航空无线电导航系统的干扰协调

航空无线电导航业务属于重要的无线电业务，根据《中华人民共和国无线电管理条例》的规定，在导航雷达周围应设置电磁环境保护区。保护区范围由各地无线电管理机构协调相关单位，结合当地的地理地形等因素确定。从干扰规避的角度，干扰保护区的范围应在视距范围外，且大于 850m。

除设置电磁环境保护区外，为规避对 5G NR 系统与导航雷达的干扰，建议综合采取以下缓解干扰的工程措施：一是提高 5G NR 系统基站在 2700～2900MHz 频段的抗阻塞指标；二是 5G NR 系统天线的最大辐射方向严禁朝向导航雷达。

3. 3.5GHz 频段 5G NR 系统与 C 波段卫星系统的干扰协调

3.5GHz 频段 5G 系统基站与现有 3.4～4.2GHz 频段的卫星地球站存在同频和邻频干扰问题，如图 3-2 所示。如果不采取有效保护措施，新建 5G 系统基站的部署运行会给卫星通信带来严重影响。

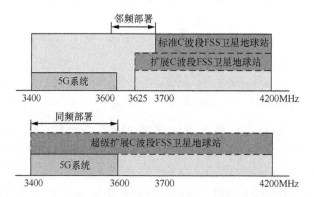

图 3-2　5G 系统基站与卫星地球站频段干扰

工业和信息化部于 2019 年 1 月印发了《3000～5000MHz 频段第五代移动通信基站与卫星地球站等无线电台（站）干扰协调管理办法》，主旨内容如下。

5G 系统基站设置、使用单位应该按照"频带外让频带内、次要业务让主要业务、后用让先用、无规划让有规划"的原则，主动发起与同频及邻频卫星地球站等其他合法无线电台（站）使用单位的干扰协调，并将协调进展情况向当地无线电管理机构报备。卫星地球站（含卫星测控站）为避免干扰采取的各种措施所产生的费用，原则上由 3400～3600MHz 频段内的 5G 系统基站设置、使用单位共同承担。

　　根据前期技术试验结果，目前主要通过在卫星地球站加装滤波器的方式来解决邻频干扰问题。选取无源带通滤波器，抑制 3700～4200MHz 频段以外的信号，采用标准的 BJ40 接口，可以方便安装于卫星站的馈源与高频头之间。

　　根据工程经验，一般步骤如下。

　　（1）实施改造前，查询并记录台站内正常使用状态下的卫星接收机的 E_b/N_0（信噪比，接收机解调后信号质量的指标）显示值 A。

　　（2）停机加装 C 频段滤波器（按需加装波导弯头）。

　　（3）加装完成后，再次查询并记台站内卫星接收机的 E_b/N_0 显示值 B，应保证 $A-B \leqslant 1$（dB）。

　　（4）基站开机后需确认现有卫星业务不受影响：

　　① 观察卫星接收机解码后输出至监视器的节目画面，判断节目是否会出现可察觉的损伤，观察节目应覆盖接收信号的所有频道，若出现任何可察觉的视音频损伤，即判定为不合格；

　　② 系统相关监测指标未出现异常。

| 3.2　5G 无线接入网覆盖规划 |

3.2.1　5G 系统基站覆盖影响参数分析

　　影响基站覆盖的因素主要有两大类：一类是系统性能参数，如基站使用频段、基站（终端）发射功率、天线增益、终端（基站）接收灵敏度、上传（下载）边缘速率；另一类是站点物理参数，如天线高度、天线倾角、周围建筑物高度等。具体的基站覆盖距离通过链路预算来计算，无线网络覆盖通过专用仿真工具计算。

　　其中，基站（终端）发射功率、天线增益、终端（基站）接收灵敏度、上传（下载）边缘速率影响系统的链路预算。链路预算计算基站和终端之间上行和下行的最大容许路径损耗（Maximum Allowable Pathloss，MAPL），将其中上行和下行链路预算的最小值代入传播模型公式，就可以计算小区的覆盖半径。

　　基站和终端的天线高度、频段与传播模型相关，天线下倾角和周围建筑物高度与覆盖区域阻挡引起的损耗相关，二维平面传播模型通过预留损耗余量预测覆盖范围，三维射线跟踪模型与反射损耗有关，通过内置反射路径信号叠加算法计算覆盖距离。

　　1. 频段影响

　　由于 5G 系统的频率已经超过 2000MHz，传统的 Okumura-Hata（奥村—哈塔）模型和 COST-231 传播模型已经不再适用，根据 3GPP 开发的基于修正的 COST-231Hata 城区宏基站传播模型公式如下：

$$PL（dB）=[44.9-6.55\lg(h_{NB})]\lg(d/1000)+45.5+[35.46-$$
$$1.1h_{UE}]\lg(f_c)-13.82\lg(h_{NB})+0.7(h_{UE})+C$$

传播损耗 PL 与频率 f_c 的对数呈正比例关系，当其他条件不变——基站天线高度 h_{NB}、基站与终端间距离 d、终端天线高度 h_{UE}、环境校正因子 C，频率从 1800MHz 增加到 3500MHz 时，传播损耗增加了 8dB，也就是从频率角度分析，3.5GHz 频段 5G 系统基站的传播损耗比 1.8GHz 频段的 4G 系统基站要高 8dB。这是理论上的差异，实际的 CW 测试数据结果是，1.8GHz 频段的传播损耗比 3.5GHz 频段低 7dB。

2. 发射功率和接收灵敏度

基站无线覆盖分为上行覆盖和下行覆盖，上行覆盖与终端的发射功率、基站接收灵敏度有关，下行覆盖与基站的发射功率、终端接收灵敏度有关。一般基站分为宏站、微站、皮站 3 类，每类基站的发射功率不同，覆盖范围也不同。接收灵敏度和设备系统性能有关，3GPP 的规范定义了各种速率应满足的灵敏度，速率越高，要求分配的 RB 资源数越多，RB 数越多，整个带宽的发射功率越大，而终端大带宽的噪声电平越高，接收灵敏度相对变差，覆盖距离越近。

3. 边缘速率

基站的覆盖距离与链路预算有关，而链路预算与边缘信号强度（确切说是 SINR）有关，而边缘信号强度与速率有关，因此需要确定边缘速率，并反推出覆盖距离。

同样的速率在不同的无线环境下使用的 RB 数是不同的，无线信号强度高使用少的 RB 数，无线信号强度低使用多的 RB 数。小区下行覆盖的边缘信号强度和 SINR 较差，只有选用抗干扰能力强的低编码率的 QPSK 调制方式。下行边缘速率要求高，就要分配更多的 RB 数：RB 数越多，带宽越大，噪声基底也越高，要求终端接收信号的强度和解调灵敏度相对提高，下行链路预算变小，下行覆盖距离相应缩小。上行速率和上行 SINR、上行接收信号强度指示（Receiver Signal Strength Indicator，RSSI）有关，上行 SINR 与本小区以及邻区的负荷有关。邻区负荷和基站重叠覆盖越多，上行 SINR 越差，上行 RB 数越多，上行覆盖越小。

4. 天线高度

无线电波的传播方式主要有直射、衍射、反射。频率越高，衍射能力越差。衍射和反射产生损耗较大，在计算电波传播距离时主要考虑直射和反射，直射的传播环境要求天线之间没有阻挡（即视线传播距离），天线位置越高，传播距离（即覆盖）越远。但移动通信系统的基站群呈蜂窝状结构，且不同的 5G 基站之间同频复用，相同的频率之间存在干扰，如果扇区同步信号的物理小区识别码（Physical Cell ID，PCI）

存在模 3 或模 6 干扰，天线过高将导致越区覆盖而产生干扰，反而导致网络性能下降。因此，天线高度要合适，和规划中的覆盖区域大小相匹配。

5. 天线倾角

天线辐射特性经常以水平和垂直方向的波瓣图来描述，天线辐射主瓣在半功率角（3dB）内最强。基站扇区的覆盖距离是指主瓣覆盖距离，通过控制天线倾角可以控制天线的主瓣覆盖距离：下倾角越大，覆盖距离越近；下倾角越小，覆盖距离越远。

6. 无线环境

无线环境对无线电波的传播方式有很大影响，一般电波传播场景分为密集市区、市区、郊区、农村、水面、高速线状、森林树木、楼宇室内等，一般密集市区和市区需要考虑反射传播多径能量，森林树木要考虑衍射，为了准确测算不同场景的覆盖，需要针对不同场景进行传播模型校准或采用射线跟踪类确定性传播仿真工具。

3.2.2 5G 频段的传播模型

无线传播模型是通过理论或者实测的方式，建立无线电波传播损耗随各种因素变化的数学关系表达式，主要分为确定性计算模型和概率统计模型两类。通过概率统计模型的计算公式可用计算表工具简便地估算基站覆盖距离、测算平均站距；确定性计算模型常用射线追踪法，用于室内覆盖系统、小微站覆盖、高密度站点的密集市区精细化覆盖预测，需要采用计算机软件仿真。

1. 传统无线传播模型的局限性

在 1G、2G 系统的规划中，常用的无线传播模型为奥村—哈塔模型，到 3G、4G 系统规划时，由于使用的频率提高到了 1.5GHz 以上，原奥村—哈塔模型已不再适用，所以改用了 COST-231Hata 模型或标准的宏蜂窝模型，上述模型在无线场景分类时通常划分为密集市区、市区、郊区和农村。考虑到同样是密集市区，建筑物高度和密度差异相当大，COST-231 组织接纳了 Walfisch-Ikegami 模型以体现建筑物的高度和密度，但基站天线挂高仍需要高于周边建筑物，对一般低于建筑物高度的微站并不支持，而且对无线频率的支持度也仅到 2GHz。上述模型不能直接用于 5G 系统的覆盖规划，但有研究对 COST-231Hata 模型进行修正用于 5G 的预测。

2. WINNER I/II/+模型与 3GPP 3D 模型

WINNER I、II 为 WINNER 第五工作组在 5G 频率范围内提出的宽带 MIMO 信道模型，支持 2～6GHz 频段，包括室内/室外、城市/乡村、宏小区/微小区、固定/移动、热点等多种场景分类，这些场景涵盖了视距（LOS）和非视距（NLOS）的情况。WINNER+

模型对适用频率进行了向下扩展，并完善了室内、室外到室内（Outdoor-to-Indoor，O2I）、室外市区微基站（Urban Micro，UMi）、室外市区宏基站（Urban Macro，UMa）和室外郊区宏基站（Suburban Macro，SMa）5 种场景的俯仰维度参数。

3GPP 在吸纳了 WINNER II、WINNER+信道模型参数的基础上，提出了 3D 模型，在 LTE 阶段版本 3GPP 技术报告（Technical Report，TR）36.873 中定义了适用于 2～6GHz 频段的室内热点（Indoor Hotspot，InH）、UMi、UMa 和室外农村宏基站（Rural Macro，RMa）4 种场景的传播模型以及 O2I 场景的穿透损耗模型，在 R15 TR 38.901 中进一步扩展到 0.5～100GHz 频段，满足目前 5G RMa 0.5～30GHz、其他模型 0.5～100GHz 的覆盖预测需求，并对模型进行了简化。3GPP 模型较 WINNER+模型更为简单，容易通过小工具实现快速计算。

3. 5G 不同场景下的 3GPP 模型

（1）d_{3D} 的计算

如图 3-3 所示，3GPP 3D 模型在基站与终端之间的距离 d_{2D} 之外引入了包含垂直维度的 d_{3D} 参数。在已知基站天线高度 h_{BS}、终端天线高度 h_{UT} 两个条件后，通过勾股定理可计算出平面 d_{2D} 距离对应的立体 d_{3D} 距离，反之亦然。

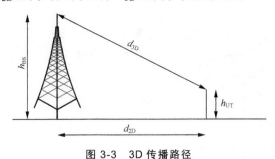

图 3-3　3D 传播路径

（2）不同场景下公式的选定

当 5G 系统的基站所处的无线环境为密集市区和市区，且基站为宏基站部署形式（基站天线高于周围建筑物平均高度）时，可选用 UMa 场景模型，并按终端是否处于视距环境内分为 LOS 或 NLOS 两种模式，详见表 3-6。公式中，PL（Pathloss）即为上文提及的无线路径损耗，从链路预算获得最大路径损耗后，通过 f_c（系统频率）、h_{BS}、h_{UT} 可计算得到 d_{3D}，再通过勾股定理得到最终的基站覆盖距离 d_{2D}。

同样，当 5G 系统的基站所处的无线环境为郊区和农村，且基站为宏基站部署形式时，则可选用 RMa 场景模型；当基站为室外微基站部署形式时（基站天线低于周围建筑物平均高度），则选用 UMi 场景模型；如基站部署在室内，则选用 InH 场景模型。详见附录 1。

表 3-6　3GPP TR 38.901 UMa 模型

场景	LOS/NLOS	路径损耗（dB）	阴影衰落标准差（dB）	参数默认值和适用范围
UMa	LOS	$PL_{\text{UMa-LOS}} = \begin{cases} PL_1, & 10m \leqslant d_{2D} \leqslant d'_{BP} \\ PL_2, & d'_{BP} \leqslant d_{2D} \leqslant 5km \end{cases}$ $PL_1 = 28.0 + 22\log_{10}(d_{3D}) + 20\log_{10}(f_c)$ $PL_2 = 28.0 + 40\log_{10}(d_{3D}) + 20\log_{10}(f_c)$ $\quad - 9\log_{10}\left(\left(d'_{BP}\right)^2 + \left(h_{BS} - h_{UT}\right)^2\right)$	$\sigma_{SF} = 4$	$1.5m \leqslant h_{UT} \leqslant 22.5m$ $h_{BS} = 25m$ f_c（Hz） h_{BS}（m） h_{UT}（m） h（m） W（m） $d'_{BP} = 4h'_{BS}\,h'_{UT}\,f_c/c$（此处 f_c 的单位为 Hz，c 为光速，为 3×10^8m/s） $h'_{BS} = h_{BS} - h_E$，$h'_{UT} = h_{UT} - h_E$， $h_E = 1/(1 + C(d_{2D}, h_{UT}))$ 或 $(12, 15, \cdots, (h_{UT} - 1.5))$ 其中： $C(d_{2D}, h_{UT}) = \begin{cases} 0 & , h_{UT} < 13m \\ \left(\dfrac{h_{UT}-13}{10}\right)^{15} g(d_{2D}) & , 13m \leqslant h_{UT} \leqslant 23m \end{cases}$ $g(d_{2D}) = \begin{cases} 0 & , d_{2D} \leqslant 18m \\ \dfrac{5}{4}\left(\dfrac{d_{2D}}{100}\right)^3 \exp\left(\dfrac{-d_{2D}}{150}\right) & , d_{2D} > 18m \end{cases}$
	NLOS	$10m \leqslant d_{2D} \leqslant 5km$ $PL_{\text{UMa-NLOS}} = \max\left(PL_{\text{UMa-LOS}}, PL'_{\text{UMa-NLOS}}\right)$ $PL'_{\text{UMa-NLOS}} = 13.54 + 39.08\log_{10}(d_{3D}) +$ $\quad 20\log_{10}(f_c) - 0.6(h_{UT} - 1.5)$	$\sigma_{SF} = 6$	
		可选算法 $PL = 32.4 + 20\log_{10}(f_c) + 30\log_{10}(d_{3D})$	$\sigma_{SF} = 7.8$	

目前的规划和测试实践及业界经验显示，TR 38.901 相较 TR 36.873 计算的覆盖效果更理想化，密集市区、市区场景下，TR 36.873 的计算结果更贴近实际，大型城市暂倾向选取 TR 36.873 进行站距规划。因此，附录 1 中也同时给出了 TR 36.873 传播模型的计算方法。

4. 5G 传播模型选择

5G 传播模型的参数取定和使用仍在尝试和验证中：主要研究模型包括上述 3GPP TR 36.873/TR 38.901 和校准的 COST-231Hata，并有相关对比研究。

3.2.3　5G 系统基站链路预算及站距核算

链路预算输出的链路损耗，结合经测试校准的传播模型计算得出站距的参考值，可作为 5G 系统基站预规划的参考与仿真输入，最终根据现实站址资源确定站点部署。5G 系统基站链路预算主要考虑以下技术因素。

1. 无线场景划分

根据 5G 系统无线场景的特点，无线场景通常划分为密集市区（Dense Urban，DU）、市区（Urban，U）、郊区（Suburban，S）、农村（Rural，R）等。

2.5G 系统参数

频段：以 3.5GHz 为例。

带宽：100MHz。

双工模式：TDD。

上下行时隙配比：根据 2.5ms 双周期帧结构应为 1：2，这里暂取 1：3。

子载波间隔：5G 系统可以设置多种子载波间隔，以 30kHz 子载波为例。

RB 配置：参考业界典型配置。

MIMO 增益：MIMO 天线增益分为天线阵列增益和分集或波束赋形增益。天线阵列增益与普通天线增益的记取方式相同，波束赋形增益在链路预算中可以降低同等边缘速率要求下的 SINR 门限体现。

调制与编码策略（Modulation and Coding Scheme，MCS）：参考业界典型配置。

SINR：参考业界典型配置。

小区边缘速率：LTE 时期中国电信典型的上下行边缘速率要求分别为：上行 512kbit/s、下行 4Mbit/s，5G 建设初期的规划建议为：上行 1~4Mbit/s、下行 20~100Mbit/s。根据可预见的主流应用和业务的速率要求，这里示例按考虑宏站穿透到室内场景的上行边缘速率 2Mbit/s、下行边缘速率 50Mbit/s，以及按不考虑宏站穿透到室内、仅做室外覆盖场景的上行边缘速率 4Mbit/s、5Mbit/s，下行边缘速率 50Mbit/s 分别给出链路预算。边缘速率影响链路预算中 RB 资源分配、MCS 取定、接收机灵敏度和 SINR 的取定，对应关系见表 3-7。

表 3-7 小区边缘速率与相关参数的对应关系

上/下行	小区边缘速率	RB	MCS	接收机灵敏度	SINR
下行	50Mbit/s	273	5	−129.09dBm	−6.86dB
上行	2Mbit/s	32	8	−138.05dBm	−12.32dB
	4Mbit/s	75	8	−138.75dBm	−13.02dB
	5Mbit/s	120	8	−139.93dBm	−14.20dB

3. 5G 系统基站参数

部分参数参考设备厂商指标，后期应根据测试验证结果予以修正。

（1）AAU 最大发射功率：单 AAU 的发射功率为 200W。

（2）天线增益：密集市区、市区场景采用 64T64R Massive MIMO 天线；郊区场景采用 32T32R 或 16T16R Massive MIMO 天线，此处的链路预算中，为评估 5G 系统在各场景下的最大覆盖能力，均采用 64T64R 配置，这里天线阵列增益取 10dBi。32T32R 与 16T16R 相比，在垂直方向上波束数量减少，单波束增益不变。

（3）下行负载：取 100%。根据业界仿真经验，在该水平负载下，密集市区、市区、郊区场景底噪抬升 7dB，农村场景底噪抬升 5dB。

4. 终端参数

（1）最大发射功率：26dBm。

（2）天线增益：MIMO 天线类型为 2T4R，这里增益取 0dB。

（3）上行负载：一般取 50%。根据业界仿真经验，在该水平负载下，密集市区、市区、郊区场景底噪抬升 2dB，农村场景底噪抬升 1dB。

5. 链路预算

下面给出上述 3 种场景下的链路预算和站距取定，见表 3-8 至表 3-10。

3 种典型覆盖场景的链路预算结果汇总及对应的站距取定见表 3-11，结果显示，3 种场景均为上行受限，并考虑室内覆盖上行 2Mbit/s 边缘速率时站距约为不考虑室内覆盖上行 4/5Mbit/s 边缘速率下的 1/3～1/2。

表 3-8 全网（含宏站覆盖室内场景）边缘速率（上行 2Mbit/s，下行 50Mbit/s）同步信道小区的半径估算

标志位	无线场景	密集市区 PUSCH	密集市区 PDSCH	市区 PUSCH	市区 PDSCH	郊区 PUSCH	郊区 PDSCH	农村 PUSCH	农村 PDSCH	备注
	数据信道类型	PUSCH	PDSCH	PUSCH	PDSCH	PUSCH	PDSCH	PUSCH	PDSCH	
	双工方式	TDD		TDD		TDD		TDD		
	上下行时隙配比	sub-6GHz 3:1（10:2:2）		sub-6GHz 3:1（10:2:2）		sub-6GHz 3:1（10:2:2）		sub-6GHz 3:1（10:2:2）		
	系统带宽（MHz）	100.0		100.0		100.0		100.0		
	频段	sub-6GHz		sub-6GHz		sub-6GHz		sub-6GHz		
	频率（GHz）	3.50	3.50	3.50	3.50	3.50	3.50	3.50	3.50	
	每载波带宽（MHz）	100		100		100		100		
a	子载波带宽（kHz）	30		30		30		30		
	MIMO 类型	2×64	64×4	2×64	64×4	2×64	64×4	2×64	64×4	
	边缘速率（Mbit/s）	2.00	50.00	2.00	50.00	2.00	50.00	2.00	50.00	
	发射端									
b	最大发射功率（dBm）	26.00	53.00	26.00	53.00	26.00	53.00	26.00	53.00	
c	RB 分配	32	273	32	273	32	273	32	273	
d	子载波发射功率（dBm）	0.15	17.85	0.16	17.85	0.16	17.85	0.16	17.85	$10\lg\left(10^{b/10}/(c*12)\right)$
e	天线振子增益（dBi）	0.00	10.00	0.00	10.00	0.00	10.00	0.00	10.00	
	发射电缆损耗（dB）	0.00	0.00	0.00	0.00	0.00	0.00	0.00	0.00	
	Tx Body loss（dB）	0.00	0.00	0.00	0.00	0.00	0.00	0.00	0.00	
f	子载波 EIRP（dBm）	0.16	27.85	0.16	27.85	0.16	27.85	0.16	27.85	d+e
	接收端									
g	信噪比（dB）	-12.32	-6.86	-12.32	-6.86	-12.32	-6.86	-12.32	-6.86	

续表

同步信道小区的半径估算

标志位	无线场景	密集市区 8	密集市区 5	市区 8	市区 5	郊区 8	郊区 5	农村 8	农村 5	备注
	调制与编码策略	8	5	8	5	8	5	8	5	厂商典型参数
h	接收机噪声系数（dB）	3.50	7.00	3.50	7.00	3.50	7.00	3.50	7.00	
i	接收机灵敏度（dBm）	−138.05	−129.09	−138.05	−129.09	−138.05	−129.09	−138.05	−129.09	−174+10lg（a*1000）+g+h
j	接收天线增益（dBi）	10.00	0.00	10.00	0.00	10.00	0.00	10.00	0.00	
	接变电电缆损耗（dB）	0.00	0.00	0.00	0.00	0.00	0.00	0.00	0.00	
	Rx Body loss（dB）	0.00	0.00	0.00	0.00	0.00	0.00	0.00	0.00	
	邻小区负荷	50.00%	100.00%	50.00%	100.00%	50.00%	100.00%	50.00%	100.00%	
k	干扰余量（dB）	2.00	7.00	2.00	7.00	2.00	7.00	1.00	5.00	
l	最小接收信号强度（dBm）	−146.05	−122.09	−146.05	−122.09	−146.05	−122.09	−147.05	−124.09	i−j+k
	链路损耗和小区半径									
m	穿透损耗（dB）	23.00	23.00	19.00	19.00	15.00	15.00	12.00	12.00	
	降雨衰减裕量（dB）	0.00	0.00	0.00	0.00	0.00	0.00			
	Foliage Loss（dB）	0.00	0.00	0.00	0.00	0.00	0.00			
n	阴影衰落标准差（dB）	8.00	8.00	8.00	8.00	8.00	8.00	8.00	8.00	
	面积覆盖率	95.00%	95.00%	95.00%	95.00%	90.00%	90.00%	90.00%	90.00%	
o	边缘覆盖率	86.00%	86.00%	86.00%	86.00%	75.00%	75.00%	75.00%	75.00%	
p	阴影衰落损耗（dB）	8.64	8.64	8.64	8.64	5.40	5.40	5.40	5.40	NORMSINV（o）*n
q	路径损耗（dB）	114.56	118.29	118.56	122.29	125.81	129.54	129.81	134.54	f−l−m−p
	基站天线高度（m）	25.00	25.00	25.00	25.00	35.00	35.00	40.00	40.00	

续表

同步信道小区的半径估算

标志位	无线场景	密集市区	市区		郊区		农村		备注
	终端天线高度（m）	1.50	1.50		1.50		1.50		
	传播模型	UMa	UMa	UMa	UMa	UMa	RMa	RMa	
	频率（GHz）	3.50	3.50	3.50	3.50	3.50	3.50	3.50	
	建筑物间距（m）	25.00	25.00		35.00		40.00		
	建筑物平均高度（m）	1.50	1.50		1.50		1.50		
r	小区半径（m）	204.05	255.03	318.18	579.83	724.61	902.19	1198.04	基于 3GPP TR 36.873 模型
s	基站距离（m）	306.07	382.55	477.27	869.75	1086.92	1353.29	1797.07	r*1.5
t	基站覆盖面积（km²）	0.05	0.13	0.20	0.66	1.02	1.59	2.80	$1.95*r^2$

表 3-9　全网（只考虑室外覆盖室外场景）边缘速率（上行 **4Mbit/s**、下行 **50Mbit/s**）同步信道小区的半径估算

标志位	无线场景	密集市区		市区		郊区		农村		备注
	数据信道类型	PUSCH	PDSCH	PUSCH	PDSCH	PUSCH	PDSCH	PUSCH	PDSCH	
	双工方式	TDD		TDD		TDD		TDD		
	上下行时隙配比	sub-6GHz 3:1（10:2:2）		sub-6GHz 3:1（10:2:2）		sub-6GHz 3:1（10:2:2）		sub-6GHz 3:1（10:2:2）		
	系统带宽（MHz）	100.0		100.0		100.0		100.0		
	频段	sub-6GHz		sub-6GHz		sub-6GHz		sub-6GHz		
	频率（GHz）	3.50	3.50	3.50	3.50	3.50	3.50	3.50	3.50	
	每载波带宽（MHz）	100		100		100		100		
	子载波带宽（kHz）	30		30		30		30		
	MIMO 类型	2×64	64×4	2×64	64×4	2×64	64×4	2×64	64×4	
a	边缘速率（Mbit/s）	4.00	50.00	4.00	50.00	4.00	50.00	4.00	50.00	
		发射端								
b	最大发射功率（dBm）	26.00	53.00	26.00	53.00	26.00	53.00	26.00	53.00	
c	RB 分配	75	273	75	273	75	273	75	273	
d	子载波发射功率（dBm）	−3.54	17.85	−3.54	17.85	−3.54	17.85	−3.54	17.85	$10\lg\left(10^{b/10}/（c*12）\right)$
e	天线振子增益（dBi）	0.00	10.00	0.00	10.00	0.00	10.00	0.00	10.00	
f	子载波 EIRP（dBm）	−3.54	27.85	−3.54	27.85	−3.54	27.85	−3.54	27.85	d+e
		接收端								
g	信噪比（dB）	−13.02	−6.86	−13.02	−6.86	−13.02	−6.86	−13.02	−6.86	
	调制与编码策略	8	5	8	5	8	5	8	5	
h	接收机噪声系数（dB）	3.50	7.00	3.50	7.00	3.50	7.00	3.50	7.00	厂商典型参数

续表

同步信道小区的半径估算

标志位	无线场景	密集市区		市区		郊区		农村		备注
i	接收机灵敏度（dBm）	-138.75	-129.09	-138.75	-129.09	-138.75	-129.09	-138.75	-129.09	-174+10lg（a*1000）+g+h
j	接收天线增益（dBi）	10.00	0.00	10.00	0.00	10.00	0.00	10.00	0.00	
	邻小区负荷	50.00%	100.00%	50.00%	100.00%	50.00%	100.00%	50.00%	100.00%	
k	干扰余量（dB）	2.00	7.00	2.00	7.00	2.00	7.00	1.00	5.00	
l	最小接收信号强度（dBm）	-146.75	-122.09	-146.75	-122.09	-146.75	-122.09	-147.75	-124.09	i-j+k
	链路损耗和小区半径									
m	穿透损耗（dB）	0.00	0.00	0.00	0.00	0.00	0.00	0.00	0.00	
n	阴影衰落标准差（dB）	8.00	8.00	8.00	8.00	8.00	8.00	8.00	8.00	
	面积覆盖率	95.00%	95.00%	95.00%	95.00%	90.00%	90.00%	90.00%	90.00%	
o	边缘覆盖率	86.00%	86.00%	86.00%	86.00%	75.00%	75.00%	75.00%	75.00%	
p	阴影衰落路损标准差（dB）	8.64	8.64	8.64	8.64	5.40	5.40	5.40	5.40	NORMSINV（o）*n
q	路径损耗（dB）	134.56	141.29	134.56	141.29	137.81	144.54	138.81	146.54	f-l-m-p
	基站天线高度（m）	25.00		25.00		35.00		40.00		
	终端天线高度（m）	1.50		1.50		1.50		1.50		
	传播模型	UMa	UMa	UMa	UMa	UMa	UMa	RMa	RMa	
	建筑物间距（m）	15.00		20.00		20.00		20.00		
	建筑物平均高度（m）	25.00		20.00		15.00		10.00		
r	小区半径（m）	535.12	795.87	656.94	976.86	1187.10	1773.20	1547.50	2458.72	基于 3GPP TR 36.873 模型
s	基站距离（m）	802.69	1193.80	985.41	1465.30	1780.65	2659.81	2321.26	3688.07	r*1.5
t	基站覆盖面积（km²）	0.56	1.24	0.84	1.86	2.75	6.13	4.67	11.79	1.95*r²

表 3-10 全网（只考虑室外覆盖室外场景）边缘速率（上行 5Mbit/s，下行 50Mbit/s）同步信道谱小区的半径估算

标志位	无线场景	密集市区 PUSCH	密集市区 PDSCH	市区 PUSCH	市区 PDSCH	郊区 PUSCH	郊区 PDSCH	农村 PUSCH	农村 PDSCH	备注
	数据信道类型	PUSCH	PDSCH	PUSCH	PDSCH	PUSCH	PDSCH	PUSCH	PDSCH	
	双工方式	TDD		TDD		TDD		TDD		
	上下行时隙配比	sub-6GHz 3:1（10:2:2）		sub-6GHz 3:1（10:2:2）		sub-6GHz 3:1（10:2:2）		sub-6GHz 3:1（10:2:2）		
	系统带宽（MHz）	100.0		100.0		100.0		100.0		
	频段	sub-6GHz		sub-6GHz		sub-6GHz		sub-6GHz		
	频率（GHz）	3.50	3.50	3.50	3.50	3.50	3.50	3.50	3.50	
	每载波带宽（MHz）	100		100		100		100		
a	子载波带宽（kHz）	30		30		30		30		
	MIMO 类型	2×64	64×4	2×64	64×4	2×64	64×4	2×64	64×4	
	边缘速率（Mbit/s）	5.00	50.00	5.00	50.00	5.00	50.00	5.00	50.00	
	发射端									
b	最大发射功率（dBm）	26.00	53.00	26.00	53.00	26.00	53.00	26.00	53.00	
c	RB 分配	120	273	120	273	120	273	120	273	
d	子载波发射功率（dBm）	−5.58	17.85	−5.58	17.85	−5.58	17.85	−5.58	17.85	$10\lg\left(10^{b/10}/(c*12)\right)$
e	天线振子增益（dBi）	0.00	10.00	0.00	10.00	0.00	10.00	0.00	10.00	
f	子载波 EIRP（dBm）	−5.58	27.85	−5.58	27.85	−5.58	27.85	−5.58	27.85	d+e
	接收端									
g	信噪比（dB）	−14.20	−6.86	−14.20	−6.86	−14.20	−6.86	−14.20	−6.86	
	调制与编码策略	8	5	8	5	8	5	8	5	
h	接收机噪声系数（dB）	3.50	7.00	3.50	7.00	3.50	7.00	3.50	7.00	厂商典型参数

续表

同步信道小区的半径估算

标志位	无线场景	密集市区	市区	郊区	农村	备注
i	接收机灵敏度 (dBm)	-139.93 / -129.09	-139.93 / -129.09	-139.93 / -129.09	-139.93 / -129.09	-174+101g (a*1000) +g+h
j	接收天线增益 (dBi)	10.00 / 0.00	10.00 / 0.00	10.00 / 0.00	10.00 / 0.00	0.00
	邻小区负荷	50.00% / 100.00%	50.00% / 100.00%	50.00% / 100.00%	50.00% / 100.00%	
k	干扰余量 (dB)	2.00 / 7.00	2.00 / 7.00	2.00 / 7.00	1.00 / 5.00	
l	最小接收信号强度 (dBm)	-147.93 / -122.09	-147.93 / -122.09	-147.93 / -122.09	-148.93 / -124.09	i-j+k
	链路损耗和小区半径					
m	穿透损耗 (dB)	0.00 / 0.00	0.00 / 0.00	0.00 / 0.00	0.00 / 0.00	
n	阴影衰落标准差 (dB)	8.00 / 8.00	8.00 / 8.00	8.00 / 8.00	8.00 / 8.00	
	面积覆盖率	95.00% / 95.00%	95.00% / 95.00%	90.00% / 90.00%	90.00% / 90.00%	
o	边缘覆盖率	86.00% / 86.00%	86.00% / 86.00%	75.00% / 75.00%	75.00% / 75.00%	
p	阴影衰落标准差 (dB)	8.64 / 8.64	8.64 / 8.64	5.40 / 5.40	5.40 / 5.40	NORMSINV (o) *n
q	路径损耗 (dB)	133.70 / 141.29	133.70 / 141.29	136.95 / 144.54	137.95 / 146.54	f-l-m-p
	基站天线高度 (m)	25.00	25.00	35.00	40.00	
	终端天线高度 (m)	1.50	1.50	1.50	1.50	
	传播模型	UMa	UMa	UMa	RMa	基于 3GPP TR 36.873 模型
	建筑物间距 (m)	15.00	20.00	20.00	20.00	
	建筑物平均高度 (m)	25.00	20.00	15.00	10.00	
r	小区半径 (m)	508.60 / 795.87	624.40 / 976.86	1127.66 / 1773.20	1469.68 / 2458.72	
s	基站距离 (m)	762.90 / 1193.80	936.60 / 1465.30	1691.49 / 2659.81	2204.51 / 3688.07	r*1.5
t	基站覆盖面积 (km²)	0.50 / 1.24	0.76 / 1.86	2.48 / 6.13	4.21 / 11.79	1.95*r²

表 3-11　3 种典型覆盖场景的链路预算结果汇总

下行边缘速率	上行边缘速率	无线场景	密集市区		市区		郊区		农村	
50Mbit/s	2Mbit/s	穿透损耗（dB）	23	23	19	19	15	15	12	12
		小区半径（m）	163.20	204.05	255.03	318.18	579.83	724.61	902.19	1198.04
		基站距离（m）	244.79	306.07	382.55	477.27	869.75	1086.92	1353.29	1797.07
		基站覆盖面积（km²）	0.05	0.08	0.13	0.20	0.66	1.02	1.59	2.80
		站距取定（m）	244.79		382.55		869.75		1353.29	
50Mbit/s	4Mbit/s	穿透损耗（dB）	0.00	0.00	0.00	0.00	0.00	0.00	0.00	0.00
		小区半径（m）	535.12	795.87	656.94	976.86	1187.10	1773.20	1547.50	2458.72
		基站距离（m）	802.69	1193.80	985.41	1465.30	1780.65	2659.81	2321.26	3688.07
		基站覆盖面积（km²）	0.56	1.24	0.84	1.86	2.75	6.13	4.67	11.79
		站距取定（m）	802.69		985.41		1780.65		2321.26	
50Mbit/s	5Mbit/s	穿透损耗（dB）	0.00	0.00	0.00	0.00	0.00	0.00	0.00	0.00
		小区半径（m）	508.60	795.87	624.40	976.86	1127.66	1773.20	1469.68	2458.72
		基站距离（m）	762.90	1193.80	936.60	1465.30	1691.49	2659.81	2204.51	3688.07
		基站覆盖面积（km²）	0.50	1.24	0.76	1.86	2.48	6.13	4.21	11.79
		站距取定（m）	762.90		936.60		1691.49		2204.51	

3.2.4　5G 系统室内覆盖传播模型与链路预算

1. 5G 系统室内覆盖传播模型选择

前面提到，无线传播模型是通过理论或者实测的方式，建立无线电波传播损耗随各种因素变化的数学关系表达式，主要分为确定性计算模型和概率统计模型两类。通过概率统计模型的计算公式可使用计算表工具简便地估算基站覆盖距离，测算平均站距；确定性计算模型常采用射线追踪法，用于室内覆盖系统、小微站覆盖、高密度站点的密集市区精细化覆盖预测，需要使用计算机软件工具。

（1）3GPP TR 38.901 InH 模型

5G 系统室内覆盖基站可选用 3D-InH 模型，并按照终端是否处于视距范围内分为 LOS 和 NLOS 两种模式，详见表 3-12。式中，PL 即 Pathloss，为上文提及的无线路径损耗，将链路预算所得的最大允许路径损耗与 f_c、h_{BS}、h_{UT}、D、W 等参数一并代入公式，通过简单的公式转换计算可得 d_{3D}，再通过勾股定理得到最终的远端射频单元覆盖距离 d_{2D}。

表 3-12　3GPP 3D-InH 模型

		无线路径损耗	阴影衰落偏差	d_{3D}
InH-Office（室内热点—办公场景）	LOS	$\mathrm{PL_{InH-LOS}}=32.4+17.3\log_{10}(d_{3D})+20\log_{10}(f_c)$	$\sigma_{SF}=3$	$1\mathrm{m}\leqslant d_{3D}\leqslant150\mathrm{m}$
	NLOS	$\mathrm{PL_{InH-NLOS}}=\max(\mathrm{PL_{InH-LOS}},\mathrm{PL'_{InH-NLOS}})$ $\mathrm{PL'_{InH-NLOS}}=38.3\log_{10}(d_{3D})+17.30+24.9\log_{10}(f_c)$	$\sigma_{SF}=8.03$	$1\mathrm{m}\leqslant d_{3D}\leqslant150\mathrm{m}$
		可选，　$\mathrm{PL'_{InH-NLOS}}=32.4+20\log_{10}(f_c)+31.9\log_{10}(d_{3D})$	$\sigma_{SF}=8.29$	$1\mathrm{m}\leqslant d_{3D}\leqslant150\mathrm{m}$

根据初步核算，InH 模型在纯室内环境下，LOS 与 NLOS 的覆盖半径相差 5～7 倍，无法体现室内不同隔断场景的差异，对多通道的影响也无从体现，认为适用性不强，需进行优化改良。

（2）衰减因子模型

衰减因子模型原为 4G 系统传播模型，可通用至 3.5GHz 频段，其公式简单灵活，便于设计人员进行规划矫正，5G 时期可在模型中增加体现 5G 系统室内覆盖 MIMO 特性的 MIMO 增益，其公式如下：

$$\mathrm{PL_{air}}(\mathrm{dB})=\mathrm{PL}(d_0)+10n*\log(d/d_0)+P-M$$

式中，$\mathrm{PL}(d_0)$：距天线 1m 处的路径衰耗；

d：传播距离（m）；

n：衰减因子，根据环境不同而取值不同，详见表 3-13。

P：穿透损耗，指由于楼板、隔板、墙壁、人体等引起的穿透损耗，3.5GHz 频段的穿透损耗参考值详见表 3-14。

M：多天线 MIMO 增益。在传播模型中主要考虑空间分集增益，室分 MIMO 通道数不超过 4T4R，波束赋形增益可忽略，其参考值详见表 3-15。

表 3-13 衰减因子取值

环境	衰减因子 *n*
自由空间	2
全开放环境	2.0～2.5
半开放环境	2.5～3.0
较封闭环境	3.0～3.5

表 3-14 3.5GHz 频段的穿透损耗（单位：dB）

墙体/装修材料隔断材质						天花板材质		人体衰耗
金属墙	水泥墙	砖墙	木/塑料板	玻璃墙	抗紫外线玻璃	非金属	金属	
30	27	20	14	6	13	6	30	5

表 3-15 室内覆盖天线 MIMO 增益

收信通道数	MIMO 增益 *M*（dB）
1	0
2	4
4	8

2T2R 天线相比 1T1R 天线，上行可获得 3dB 的空间分集增益以及 1dB 左右的干扰抑制增益，MIMO 增益约为 4dB；2T4R 天线相比 2T2R 天线，上行可获得 3dB 的空间分集增益以及 1dB 左右的干扰抑制增益，累积 MIMO 增益约为 8dB。

2. 系统覆盖参数

（1）室内覆盖场景划分

① 根据 5G 系统室内覆盖场景业务量的特点可分为：

➢ 高业务密度区域；

➢ 中、低业务密度区域。

② 5G 系统室内覆盖场景按建筑隔断结构的不同可分为：

➢ 自由空间：无边际理想空间，空间内各种电气参数均匀，没有电荷和其他导体。

➢ 全开放环境：无隔断，空旷建筑空间。

➢ 半开放环境：少隔断，普通建筑空间。

➢ 较封闭环境：多隔断，复杂建筑空间。

（2）5G 系统室内覆盖系统的参数典型设置

➢ 常用频段：3.5/2.6GHz；

➢ 载波带宽：100MHz；

➤ 子载波间隔：30kHz；

➤ RB 配置：273 个；

➤ 帧结构：2.5ms 双周期，DDDSUDDSUU（S 的配比为 10：2：2）；

➤ 下行边缘信号强度：

近点 SINR≥22dB，参考信号接收功率（Reference Signal Received Power，RSRP）≥-80dBm；

中点 15dB≤SINR<22dB，RSRP≥-95dBm；

远点 5dB≤SINR<10dB，RSRP≥-110dBm。

（3）5G 系统室内基站参数

① 远端射频单元

➤ 最大发射功率：250mW；

➤ 最大通道数：4T4R；

➤ 天线增益：4T4R 远端射频单元 MIMO 增益按 8dB 计。

开放办公室采用 4T4R 天线内置型远端射频单元；

混合办公室采用 4T4R 天线外置型远端射频单元+无源天线或泄露电缆；

建网初期，以天线外置型远端射频单元+无源天线或泄露电缆建设形式为主。

② CU/DU 参数

➤ 与宏基站相同。

（4）终端参数

➤ 最大发射功率：26dBm；

➤ 天线数：2T4R。

3. 链路预算

5G 系统室内覆盖场景初期以 eMBB 业务为主，第一阶段，室内规划点可设置于业务流量大、服务等级高的交通枢纽、大型展会场馆、中央商务区、机关、医院等热点场景，楼宇内进行室内全覆盖。第二阶段向中等流量场景推广。应针对 5G 业务需求制定覆盖边缘速率目标。

按照 5G 建设第一阶段下行边缘场强 RSRP=-110dBm 编制链路预算，以 3400MHz 频段为例，链路预算输出典型天线配置下的场强分布计算值，作为 5G 系统室内覆盖预规划与仿真输入参考，见表 3-16。

表 3-16　5G 系统室内覆盖链路预算典型示例

序号	频段（MHz）	天线出口功率（dBm）	模测点距天线距离（m）	隔断物材质	天花板材质	隔断物衰耗（dB）	天花板衰耗（dB）	自由空间场景下的模测点功率（dBm）	全开放空间场景下的模测点功率（dBm）	半开放空间场景下的模测点功率（dBm）	较封闭空间场景下的模测点功率（dBm）
1	3400	-11	20	无	无	0	0	-77.10	-83.61	-90.11	-96.62

序号	频段（MHz）	天线出口功率（dBm）	模测点距天线距离（m）	隔断物材质	天花板材质	隔断物衰耗（dB）	天花板衰耗（dB）	自由空间场景下的模测点功率（dBm）	全开放空间场景下的模测点功率（dBm）	半开放空间场景下的模测点功率（dBm）	较封闭空间场景下的模测点功率（dBm）
2	3400	−11	40	无	无	0	0	−83.12	−91.13	−99.14	−107.15
3	3400	−11	60	无	无	0	0	−86.64	−95.53	−104.42	−113.31
4	3400	−11	7	木/塑料板	无	14	0	−81.98	−86.21	−90.43	−94.66
5	3400	−11	20	木/塑料板	无	14	0	−91.10	−97.61	−104.11	−110.62
6	3400	−11	40	木/塑料板	无	14	0	−97.12	−105.13	−113.14	−121.15
7	3400	−11	7	砖墙	无	20	0	−87.98	−92.21	−96.43	−100.66
8	3400	−11	20	砖墙	无	20	0	−97.10	−103.61	−110.11	−116.62
9	3400	−11	40	砖墙	无	20	0	−103.12	−111.13	−119.14	−127.15
10	3400	−11	7	砖墙	非金属	20	6	−93.98	−98.21	−102.43	−106.66
11	3400	−11	20	砖墙	非金属	20	6	−103.10	−109.61	−116.11	−122.62
12	3400	−11	40	砖墙	非金属	20	6	−109.12	−117.13	−125.14	−133.15

由表 3-16 可以直观地看出，3400MHz 频段的 4T4R 远端射频单元在全开放与半开放空间场景下不穿墙的最大覆盖半径约为 60m，同样场景下穿透一堵木质隔断的最大覆盖半径约为 40m，而穿透砖墙隔断的最大覆盖半径缩减到约 20m 以内；信号在较封闭空间场景下穿透一堵木质隔断的最大覆盖半径约在 20m 以内；同样场景下，穿透砖墙隔断，并有天花板时的最大覆盖半径缩减到约 7m。

综上所述，sub-6GHz 频段 5G 系统室内覆盖远端射频单元的覆盖能力相对于受覆盖距离决定的自由空间衰落，更受制于受建筑隔断结构以及隔断材料影响的穿透、绕射衰耗。

3.2.5 5G 系统宏站覆盖目标取定

与 3G、4G 系统有所不同，5G 系统除了向公众提供高速接入数据业务以外，还面向行业用户提供低时延、高可靠、大连接业务，下面分别展开。

1. 公众业务

初期如采用 1:1 组网方式对现网可用 LTE 宏站进行建设，无法实现 5G 网络的连续覆盖。后期可针对 5G 业务需求，制定覆盖边缘速率目标，进一步完善布局。

以下行高帧率 4K、上行低/高帧率 1080P 两类业务为例，在室内浅覆盖场景下，对应的边缘速率目标分别为上行链路（Uplink，UL）2Mbit/s、下行链路（Downlink，DL）50Mbit/s 和上行 4Mbit/s、下行 50Mbit/s，各地形区域物理上行共享信道（Physical Uplink Shared Channel，PUSCH）和物理下行共享信道（Physical Downlink Shared Channel，PDSCH）对规划站距的要求见表 3-17。

表 3-17　实时视频业务站距规划

实时视频业务	边缘速率目标（含室内穿透损耗）	无线场景 信道类型	密集市区		市区		郊区	
			PUSCH	PDSCH	PUSCH	PDSCH	PUSCH	PDSCH
穿透损耗（dB）			23		19		15	
下行：高帧率 4K，上行：低帧率 1080P	下行：50Mbit/s 上行：2Mbit/s	基站覆盖半径（m）	163	204	255	318	579	724
		站间距（m）	245	306	382	477	869	1087
下行：高帧率 4K，上行：高帧率 1080P	下行：50Mbit/s 上行：4Mbit/s	基站覆盖半径（m）	136	204	213	318	484	724
		站间距（m）	204	306	320	477	727	1087

注：高帧率（High Frame Rate，HFR）是指视频画面每秒 48 帧，低帧率此处是指视频画面每秒 24 帧。

2. 行业业务

对于行业业务，需要区分业务需求，表 3-18 给出了几种典型业务及其对应的边缘速率目标和不同地形下的站距要求，其中考虑了不同业务场景下的相关穿透和遮挡损耗。

表 3-18　几种典型业务及其对应的边缘速率目标和不同地形下的站距要求

行业类型	业务类型	边缘速率目标	无线场景 信道类型	密集市区		市区		郊区		备注
				PUSCH	PDSCH	PUSCH	PDSCH	PUSCH	PDSCH	
无人机	8K 视频上传	下行：10Mbit/s 上行：100Mbit/s（室外）	基站覆盖半径（m）	157	1176	194	1443	346	2631	
			站间距（m）	236	1764	291	2165	520	3947	
车联网	自动驾驶	下行：100Mbit/s 上行：4Mbit/s（室外）	基站覆盖半径（m）	263	322	323	396	580	711	计算 7dB 的车体损耗和 5dB 的树木、广告牌等遮挡损耗
			站间距（m）	395	483	485	594	870	1067	
智慧医疗	远程 B 超	下行：2Mbit/s 上行：12Mbit/s（室外）	基站覆盖半径（m）	200	587	246	721	441	1304	计算 7dB 的车体损耗和 5dB 的树木、广告牌等遮挡损耗
			站间距（m）	300	881	369	1082	661	1957	

行业类型	业务类型	边缘速率目标	无线场景	密集市区		市区		郊区		备注
			信道类型	PUSCH	PDSCH	PUSCH	PDSCH	PUSCH	PDSCH	
工业互联网	机器人控制与视频回传	下行：2Mbit/s 上行：10Mbit/s（室外）	基站覆盖半径（m）	175	492	215	604	384	1091	计算 15dB 的大型机械、化工设备等遮挡损耗
			站间距（m）	262	738	323	906	576	1636	
智慧城市	4K 视频上传	下行：2Mbit/s 上行：50Mbit/s（室外）	基站覆盖半径（m）	149	888	184	1089	329	1980	计算 5dB 的树木、广告牌等遮挡损耗
			站间距（m）	224	1331	276	1634	493	2970	
智慧农业	无人机喷洒农药	下行：2Mbit/s 上行：12Mbit/s（室外）	基站覆盖半径（m）	304	888	373	1089	670	1980	计算 5dB 的农作物等遮挡损耗
			站间距（m）	455	1331	559	1634	1005	2970	

此外，5G 应考虑在有业务需求的区域部署网络覆盖，不追求网络的连续覆盖。初期如需快速建立区域的普遍覆盖，应充分利用现网站点资源，室外 5G 系统宏站可与已有 LTE 站点采用 1：1 组网的方式新建。继而可根据业务需求、产业条件和运营策略逐步建立基于公众业务和行业应用的分区连续覆盖，如公众业务首先对主城区、郊区和乡镇业务热点区域建立连续覆盖，此时需对这些区域设定上行边缘速率的门限值并依此规划部署——现阶段公众业务连续覆盖区域的上行边缘速率门限通常取 1～3Mbit/s，行业应用根据具体业务可设置得更高。同一目标覆盖区域内有多种公众及行业业务需求的，应按最严格站距要求设置站点，并统筹考虑多种业务的承载容量要求。在终端支持的条件下，应考虑 4G 与 5G 网络有效协同、共同承载。

3.2.6　5G 系统室内覆盖目标取定

1. 5G 系统高数据速率和流量密度场景的性能要求

3GPP 服务和系统方面规范组发布的 5G 系统的服务要求第一阶段（R16）对高数据速率和流量密度场景的性能要求做了定义，详见表 3-19。

表 3-19　5G 系统高数据速率和流量密度场景的性能要求

序号	场景	用户感知的数据速率（下行）	用户感知的数据速率（上行）	区域流量密度（下行）	区域流量密度（上行）	总体用户密度	活动比例	UE 速率	覆盖要求
1	城市宏站	50Mbit/s	25Mbit/s	100Gbit/（s·km²）	50Gbit/（s·km²）	10 万人/km²	20%	车辆中的行人和用户（最高 120km/h）	全网

续表

序号	场景	用户感知的数据速率（下行）	用户感知的数据速率（上行）	区域流量密度（下行）	区域流量密度（上行）	总体用户密度	活动比例	UE 速率	覆盖要求
2	农村宏站	50Mbit/s	25Mbit/s	1Gbit/（s·km²）	500Mbit/（s·km²）	100 人/km²	20%	车辆中的行人和用户（最高120km/h）	全网
3	室内热点	1Gbit/s	500Mbit/s	15Tbit/（s·km²）	2Tbit/（s·km²）	25 万人/km²	部分最高数据速率用户	行人	办公室和住宅
4	人群中的宽带接入	25Mbit/s	50Mbit/s	3.75Tbit/（s·km²）	7.5Tbit/（s·km²）	50 万人/km²	30%	行人	密闭区域
5	密集城市	300Mbit/s	50Mbit/s	750Gbit/（s·km²）	125Gbit/（s·km²）	2.5 万人/km²	10%	车内行人和使用者（最高60km/h）	市中心
6	类似广播电视服务	最大200Mbit/（s·频道）	N/A 或 500kbit/（s·用户）	N/A	N/A	15 人/载波 20Mbit/（s·电视频道）	N/A	车辆中的固定用户，行人和用户（最高500km/h）	全网
7	高速列车	50Mbit/s	25Mbit/s	15Gbit/（s·列车）	7.5Gbit/（s·列车）	1000 人/列车	30%	列车用户（最高500km/h）	沿铁路
8	高速车辆	50Mbit/s	25Mbit/s	100Gbit/（s·km²）	50Gbit/（s·km²）	4 万人/km²	50%	车辆用户（最高250km/h）	沿道路
9	飞机	15Mbit/s	7.5Mbit/s	1.2Gbit/（s·飞机）	600Mbit/（s·飞机）	400 人/飞机	20%	飞机上的用户（最高1000km/h）	—

注：N/A，意即 Not Applicable，表示"不适用"。

由表 3-19 可见，根据 3GPP 的定义，除"全网"要求中包含的室内用户，特别涉及城乡室内场景的性能指标主要有以下几类，详见表 3-20；其中，地铁场景参照 3GPP 定义中的"高速列车"场景。

表 3-20　5G 系统室内高数据速率和流量密度场景的性能要求

设想场景	用户感知的数据速率（下行）	用户感知的数据速率（上行）	区域流量密度（下行）	区域流量密度（上行）	总体用户密度	活动比例	UE 速率	覆盖要求
室内热点	1Gbit/s	500Mbit/s	15Tbit/（s·km²）	2Tbit/（s·km²）	25 万人/km²	部分最高数据速率用户	行人	办公室和住宅

续表

设想场景	用户感知的数据速率（下行）	用户感知的数据速率（上行）	区域流量密度（下行）	区域流量密度（上行）	总体用户密度	活动比例	UE 速率	覆盖要求
人群中的宽带接入	25Mbit/s	50Mbit/s	3.75Tbit/（s·km²）	7.5Tbit/（s·km²）	50 万人/km²	30.00%	行人	密闭区域
高速列车	50Mbit/s	25Mbit/s	15Gbit/（s·列车）	7.5Gbit/（s·列车）	1000 人/列车	30.00%	列车用户（最高 500km/h）	沿铁路

从我国多地目前的 5G 系统室内覆盖测试情况来看，以分布式有源室分为主体的 5G 系统室内覆盖系统在采用 4T4R 通道时的峰值速率可满足 1Gbit/s 的室内热点场景下行感知数据需求，但当前的主流时隙配比对于上行 500Mbit/s 的要求仍有差距。

5G 建设初期，采用 2T2R 通道即能达到的下行边缘速率 50Mbit/s 已能满足无线宽带与高速列车等大多数用户使用场景的下行感知数据需求；在当前的主流时隙配比下，采用 2T2R 通道时也能满足 25Mbit/s 以上的上行感知数据速率需求。

因此，在室内热点区域可采用 4T4R 分布式有源室分系统满足 1Gbit/s 的高容量需求，减少二次投资。而在人群聚集的密闭区域与地铁覆盖中，采用 2T2R 有源+无源室分系统或泄露电缆室分系统。

2. 5G 网络水平和垂直定位服务水平的性能要求

3GPP 服务和系统方面规范组发布的 5G 系统的服务要求第一阶段（R16）对水平和垂直定位服务水平的性能指标做了定义，详见表 3-21。

表 3-21　5G 网络水平和垂直定位服务水平的性能要求

定位服务水平	绝对（A）或相对（R）定位	准确性（95%）		可用性	定位服务时延	覆盖范围、使用环境和 UE 速率		
		水平精度	垂直精度			5G 系统定位服务区	5G 系统增强定位服务区—室外和隧道	5G 系统增强定位服务区—室内
1	A	10m	3m	95.00%	1s	室内：最高 30km/h；农村和城市户外：高达 250km/h	N/A	室内：最高 30km/h
2	A	3m	3m	99.00%	1s	农村和城市户外：火车时速可达 500km/h，其他车辆可达 250km/h	密集的城市户外：高达 60km/h；沿道路高达 250km/h，沿铁路高达 500km/h	室内：最高 30km/h

续表

定位服务水平	绝对（A）或相对（R）定位	准确性（95%）		可用性	定位服务时延	覆盖范围、使用环境和 UE 速率		
		水平精度	垂直精度			5G 系统定位服务区	5G 系统增强定位服务区—室外和隧道	5G 系统增强定位服务区—室内
3	A	1m	2m	99.00%	1s	农村和城市户外：火车时速可达 500km/h，其他车辆可达 250km/h	密集的城市户外：高达 60km/h；沿道路高达 250km/h，沿铁路高达 500km/h	室内：最高 30km/h
4	A	1m	2m	99.90%	15ms	N/A	N/A	室内：最高 30km/h
5	A	0.3m	2m	99.00%	1s	农村户外：高达 250km/h	密集的城市户外：高达 60km/h；沿公路和沿铁路高达 250km/h	室内：最高 30km/h
6	A	0.3m	2m	99.90%	10ms	N/A	密集的城市户外：高达 60km/h	室内：最高 30km/h
7	R	0.2m	0.2m	99.00%	1s	农村、城市、密集城市室内和室外高达 30km/h，相对定位在彼此 10m 内的两个 UE 之间或者彼此 10m 内的一个 UE 和 5G 定位节点之间		

注：绝对的，Absolute，A；相对的，Relative，R。

由表 3-21 可见，根据 3GPP 的定义，几乎每种 5G 系统覆盖场景类型的 5G 系统增强定位服务区都涉及室内信号覆盖，其最低要求的定位精度也在 10m 以内，是以微基站为信源、动辄覆盖 5000m² 以上的室内覆盖传统分布式天线系统（Distributed Antenna System，DAS）所望尘莫及的。因此，5G 系统室内覆盖规划初期即应对建筑功能区进行调研，对确定有高精度定位服务的建筑以分布式有源室分系统进行覆盖，并结合其他定位技术以提高定位精度。

从当前国内的 5G 测试情况来看，1s 等级的控制面时延普遍能够满足，但对于两种 15ms 以内时延需求的场景，则需要配合切片与边缘计算技术来满足低时延要求。

3. 5G 系统室内覆盖目标取定

以下根据我国现有运营商覆盖需求列举 5G 系统室内覆盖典型配置及指标。

（1）5G NR 网络室内覆盖系统的典型配置

见表 3-22，其中基站发射功率采用参考信号每资源单元功率（Reference Signal Energy per Resource Element，RS EPRE）表示。

表 3-22　5G NR 网络室内覆盖系统的典型配置

网络制式	带宽（MHz）	帧结构	特殊子帧配置	基站 MIMO 配置	RS EPRE（dBm）	终端发射功率（dBm）
NSA	100	2.5ms，双周期	10:2:2	4T4R	−5.15	26

（2）覆盖率参考值

① 目标覆盖区域内 95% 以上的位置满足 RSRP≥–110dBm 且 SINR≥3dB。

② 目标覆盖区域内 95% 以上的位置,满足空载下:PDCP 层下行速率≥100Mbit/s,上行速率≥10Mbit/s。

（3）服务质量参考值

① 上/下行 PDCP 层速率的优良比超过 70%——PDCP 层下行速率≥600Mbit/s、上行速率≥30Mbit/s 为优良。

② 室内信源间切换成功率≥99%。

③ 室内外信源间切换成功率≥99%。

（4）建筑物外 10m 处信号泄露参考要求

RSRP≤–110dBm 或者小于室外主覆盖基站信号 10dB 的概率大于 90%。

（5）上行通道底噪参考值

在 1 个 RB（360kHz）带宽内,上行通道底噪≤–115dBm。

3.2.7　5G 系统基站设备选型与分层覆盖规划

5G 设备形态多样,不同的无线场景基于覆盖、容量要求并兼顾建设成本,可选择适合的设备类型,并通过不同高度和覆盖范围的部署来实现 5G 网络的分层覆盖。大规模 MIMO（Massive MIMO）是 5G 系统中提高系统容量和频谱利用率的关键技术,因而 M-MIMO 配置也是 5G 系统基站设备选型的重要维度。先简略回顾 M-MIMO 的技术特点和优势,再给出各场景的分层部署和配置建议。

大规模 MIMO 系统的空间分辨率与 3G、4G 时期 MIMO 系统的空间分辨率相比有了显著提高,它能深度挖掘空间维度资源,使基站覆盖范围内的多个用户在同一时频资源上利用大规模 MIMO 提供的空间自由度与基站同时进行通信,提升频谱资源在多个用户之间的复用能力,从而在不需要增加基站密度和带宽的条件下大幅提高频谱效率。

大规模 MIMO 系统可形成更窄的波束,如图 3-4 所示,集中辐射于更小的空间区域内,从而使基站与 UE 之间的射频传输链路上的能量效率更高,减少基站的发射功率损耗,是构建未来高能效绿色宽带无线通信系统的重要技术。

大规模 MIMO 系统具有更好的鲁棒性能。由于天线数远大于 UE 数,系统具有很高的空间自由度和很强的抗干扰能力。基站天线数越大,加性高斯白噪声和瑞利衰落等负面影响越小。

图 3-4　5G Massive MIMO 天线效果

图 3-5 所示为几种大规模 MIMO 天线形态，工程建设中应综合网络性能要求、场景特点、建设成本等因素合理选择。

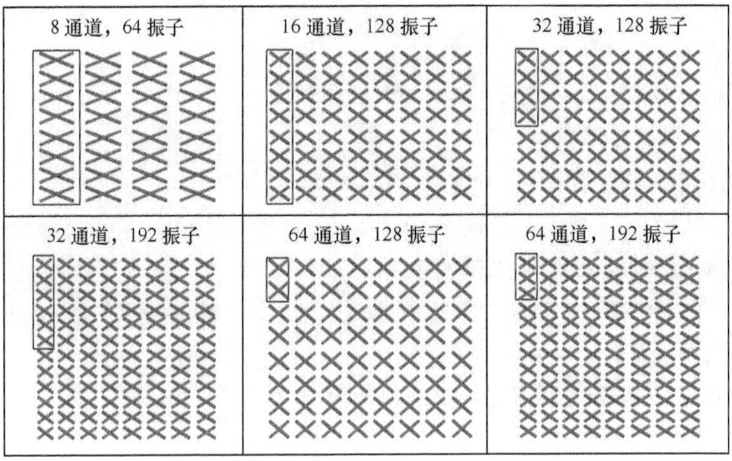

图 3-5　5G Massive MIMO 天线形态

不同场景的设备选型和 M-MIMO 配置建议如下，各场景部署如图 3-6 所示。

（1）密集市区、市区场景

密集市区、市区场景的特点为建筑物形态多样，间隔较近，有较多的高层建筑物分布其中。同时，该场景中，5G 业务密度较高且需要提供连续覆盖。设备选型方面，建议室外选择 64T64R 宏站设备作为覆盖基础层，4T4R 微站设备作为覆盖补充和容量分担层；重要的室内场景选择 4T4R 皮站设备作为室内专项覆盖层，其他室内场景可选择 2T2R 配置。

（2）郊区、农村场景

郊区、农村场景的特点为建筑物单一，间隔较远，很少有高层建筑物分布其中。同时，该场景中，5G 业务初期较为分散，可按需求进行部分区域的连续覆盖。设备选型方面，建议室外选择 32T32R/16T16R 宏站设备作为覆盖基础层；重要的室内场景选择 4T4R 皮站设备作为室内专项覆盖层，其他室内场景可选择 2T2R 配置。

（3）高速公路、高铁场景

高铁、高速公路站厅以外为线性覆盖场景，线路中 5G 业务需求主要集中于高速移动的车厢内。设备选型方面，建议室外选择 8T8R 宏站设备，并配以高增益窄波瓣天线作为覆盖层，同时采用多小区合并技术尽量减少小区间的切换频次。

（4）行业应用场景

应根据各行业的特征需求逐一定制覆盖解决方案，常规室内外覆盖手段以外，还包括专用频段、终端直通等覆盖方式，设备选型和布局不一而足，这里不再展开。

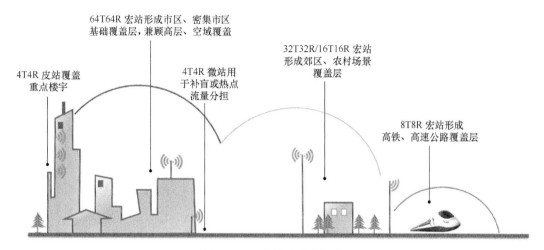

图 3-6　5G 多场景分层覆盖

3.2.8　5G 系统室内覆盖选型与规划

1. 分场景的室内覆盖系统主要形态及技术采用

当前 5G 系统室内覆盖的主要形态有以下 4 种。

（1）分布式有源室内覆盖系统

通过 CU/DU + 近端交换机 + 天线内置型远端射频单元的架构完成射频信号覆盖，如图 3-7 所示，分布式有源系统支持 5G MIMO，主流通道数为 4T4R，单个远端射频单元的射频功率大，但远端设备用量大、价格较贵，且对通信配套需求高。

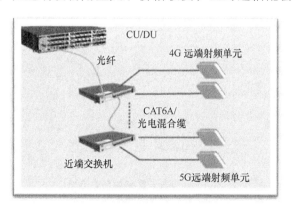

图 3-7　分布式有源室内覆盖系统

（2）分布式有源+无源室内覆盖系统

通过 CU/DU + 近端交换机 + 天线外置型远端射频单元 + 天馈线的架构完成射频信号覆盖，如图 3-8 所示，分布式有源 + 无源室内覆盖系统可灵活支持 5G MIMO，可配合天线配置实现 1T1R～4T4R 的不同通道数，单个远端射频单元的射频功率大，远端设备用量较小，经济性较高，方便扩容优化，对通信配套需求适中。

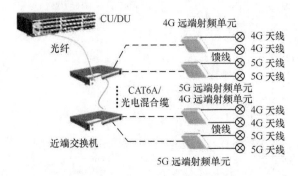

图 3-8　分布式有源+无源室内覆盖系统

（3）泄露电缆室内覆盖系统

通过 CU/DU＋多模多载波远端射频单元（Multi-mode Multi-carrier Remote Radio Unit，MRRU）＋多系统合路平台（Point of Interface，POI）＋泄露电缆的架构完成射频信号覆盖，如图 3-9 所示，其中 POI 为可选。泄露电缆系统可有限支持 5G MIMO，因泄露电缆覆盖受限于天花板材质及安装空间，4T4R 的实施成本较高，通道数不建议超过 2T2R，其信源设备用量小，对通信配套需求低。

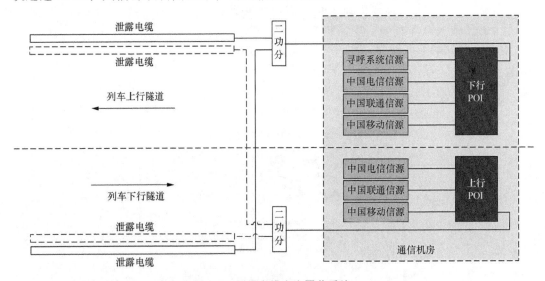

图 3-9　泄露电缆室内覆盖系统

（4）传统 DAS 室内覆盖系统

通过 CU/DU＋RRU＋DAS 的架构完成射频信号覆盖。3.5GHz 频段的馈线百米损耗比 4G 最高频（2.6GHz）大 2～3dB，综合损耗因而也进一步增大。并且无论是 2.6GHz 频段还是 3.5GHz 频段，传统的无源 DAS 系统都难以实现 5G MIMO，不能很好地解决 5G 系统室内覆盖问题。

2. 5G 系统室内覆盖系统选型及建设策略

（1）5G 系统室内覆盖系统要素及对比分析

影响 5G 系统室内覆盖建设的要素主要有 MIMO 支持度、覆盖均匀性、边缘覆盖度、定位颗粒度、配套需求、共建共享便利度、改造成本、优化复杂度等，表 3-23 对不同室内覆盖系统形态下的这些要素进行了分级对比，后文将对这些要素分级逐条分析。

表 3-23　5G 系统室内覆盖系统典型建设要素对比

室内覆盖系统形态	MIMO支持度	覆盖均匀性	边缘覆盖度	定位颗粒度	配套需求	共建共享便利度	改造成本	优化复杂度
微基站＋DAS 室分	低	中	高	低	低	中	高	高
分布式有源室分	高	中	中	高	高	低	中	中
分布式有源＋无源室分	中	中	高	中	中	低	中	低
微基站＋泄露电缆室分	中	高	低	低	低	高	—	高

① MIMO 支持度

众所周知，MIMO 已经成为 5G 系统的核心技术之一，其无论对于系统容量，还是干扰抑制效果的提升都起到了关键性的作用。但不同的室内覆盖系统对 MIMO 的支持度大相径庭。

对于分布式有源室分系统，由于其远端射频单元与天线集成，MIMO 靠设备本身直接实现，不需改造就能实现 4T4R，MIMO 支持度最高；

对于分布式有源＋无源室分、微基站＋泄露电缆室分两种系统，其 MIMO 的实现需要在射频设备后外接一段天馈线或泄露电缆，在 2T2R 时投资与分布式有源室分系统相当，但要实现 4T4R 则投资相对较大，且多缆布放时，线缆隔离度要求会造成分布式系统布设空间紧张，建设难度增加，其 MIMO 支持度中等；

对于微基站＋DAS 室分系统，因其树形的分布式系统结构，使得 2T2R 以上通道的分布式系统建设会有错综复杂的线缆交越现象，严重影响系统的信号质量，不具备可操作性，因此其 MIMO 支持度最低。

② 覆盖均匀性

移动通信系统的室内覆盖均匀性取决于射频点源的密度。覆盖均匀性越高，系统能量散布就越均衡，信号的稳定性就越高。

对于以天线或集成天线的远端单元为射频点源的微基站＋DAS 室分、分布式有源室分、分布式有源＋无源室分 3 种系统，其天线密度大致相当，根据覆盖的不同场景一般为 10～50m，覆盖均匀性中等。

对于微基站＋泄露电缆室分系统，因其射频发射点源为泄露电缆上所开的射频发射孔/缝，这些发射孔/缝的间距一般不超过射频信号的波长，这也就意味着，在 sub-6GHz 频段，其射频点源间距约为 9cm，远小于 1m，因此其覆盖均匀性最好。

③ 边缘覆盖度

移动通信系统室内覆盖的边缘覆盖度定义的是室内覆盖信号克服建筑物室内复杂的墙体结构造成的穿透、绕射、反射等衰耗，覆盖其建筑结构内信号盲点、弱点的能力，其取决于射频点源布设的灵活程度。

对于以天线为射频点源的微基站＋DAS 室分、分布式有源＋无源室分这两种系统，其天线可接馈线灵活部署至建筑物的每个角落，且由于仅需增加无源天馈线，实现成本最低，因此它们的边缘覆盖度最高。

对于以集成天线的远端单元为射频点源的分布式有源室分系统，其远端单元虽也可灵活部署，但其作为有源设备成本较高，边缘覆盖度中等。

对于微基站＋泄露电缆室分系统，鉴于泄露电缆布设时要求较高，不易深入建筑物复杂结构内，如不能打"S"弯、沿墙以外场合施工困难、电缆布放方向性要求较高等，因此其边缘覆盖度最低。

④ 定位颗粒度

移动通信系统室内覆盖自身的定位颗粒度取决于射频信号有源设备在室内覆盖系统中的位置。位置越接近室内覆盖系统末端、离终端用户越近，定位颗粒度就越高。

对于分布式有源室分系统，由于其远端射频单元与天线集成，射频信号源直接下沉到天线点位，因此其定位颗粒度最高；

对于分布式有源＋无源室分系统，其单个远端射频单元根据 MIMO 通道数的不同将最多外接 4 副天线，即覆盖 4 副天线的覆盖区域，因此其定位颗粒度中等；

对于微基站＋DAS 室分、微基站＋泄露电缆室分两种系统，因其微基站设备的功率较大，一般覆盖面积相当于 20～35 副天线的覆盖区域，因此定位颗粒度最低。

⑤ 配套需求

移动通信系统室内覆盖的配套需求取决于射频信号有源设备的密度，密度越大，对电源、设备安装空间等通信配套的需求就越高。

对于分布式有源室分系统，由于其远端射频单元与天线集成，射频信号源直接下沉到天线点位，有源设备密度最大，因此其配套需求最高；

对于分布式有源＋无源室分系统，其单个远端射频单元根据 MIMO 通道数的不同将最多外接 4 副天线，即其有源设备密度为分布式有源室分系统的 1/4～1/2，配套需求中等；

对于微基站＋DAS 室分、微基站＋泄露电缆室分两种系统，因其微基站设备的功率较大，一般覆盖面积相当于 20～35 副天线的覆盖区域，即其有源设备密度为分布式有源室分系统的不足 1/20，因此配套需求最低。

⑥ 共建共享便利度

移动通信系统室内覆盖的共建共享便利度虽然从理论上来说同时取决于频率、有源射频设备、无源分布系统共享率 3 个方面，但频率共享由国家频率主管部门指定或运营商集团间商定，有源射频设备的共享率取决于行业的白盒化进程，均非规划设计层面可改变，因此这里所说的共建共享便利度取决于可供共享合路的无源分布系统的占比，占比越高，共建共享便利度越高。

对于分布式有源室分、分布式有源 + 无源室分两种系统，由于其远端射频单元基本下沉至天线点位，共建共享能力取决于射频有源设备本身，因此其共建共享便利度都较低；

对于微基站 + DAS 室分系统，其信号源设备虽可通过无源分布系统合路，但无源分布系统全程的天线、馈线、无源器件都要满足全部的共建共享频段，实现难度较大，成本较高，其共建共享便利度中等；

对于微基站 + 泄露电缆室分系统，其信号源设备可通过无源分布系统合路，且仅需合路器/POI 与泄露电缆本身满足全部的共建共享频段即可，因此其共建共享便利度最高。

⑦　改造成本

移动通信系统室内覆盖的改造成本指的是室内覆盖系统建设完成后因建筑结构、功能区变动等不可测因素引起的系统优化的改造成本。

对于分布式有源室分、分布式有源 + 无源室分两种系统，由于其远端射频单元基本下沉至天线点位，改造优化时需增减天线及相应的有源设备，因此改造成本都为中等；

对于微基站 + DAS 室分系统，由于在室内覆盖设计完成时，其整体分布系统的天线出口功率通常都已配平，功率余量控制严格，因此增减甚至移动天线点位都将破坏整个无源分布系统的功率平衡，改造成本较高；

对于微基站 + 泄露电缆室分系统，鉴于泄露电缆布设时不可多设置弯角、增加分支与线缆长度会减少整个泄露电缆室分系统的衰落储备、泄露电缆布放方向性要求较高、电缆嫁接会增加转接头损耗等因素，基本不具备改造的可能性。

⑧　优化复杂度

移动通信系统室内覆盖的优化复杂度指的是室内覆盖系统建设完成后因建筑结构、功能区变动等不可测因素引起的系统优化建设难度。

对于分布式有源室分系统，由于其远端射频单元基本下沉至天线点位，优化时其远端射频单元可灵活部署，但其作为有源设备成本较高、需要供电配套，使用场景受限，因此优化复杂度中等；

对于分布式有源 + 无源室分系统，由于其远端射频单元基本下沉至天线点位，改造优化时仅需增减天线及相应的有源设备，因此优化复杂度最低；

对于微基站 + DAS 室分系统，由于在室内覆盖设计完成时，其整体分布系统天线出口功率通常都已配平，功率余量控制严格，因此增减甚至移动天线点位都将破坏整个无源分布系统的功率平衡，优化复杂度较高；

对于微基站 + 泄露电缆室分系统，鉴于泄露电缆布设时不可多设置弯角、增加分支与线缆长度会减少整个泄露电缆室分系统的衰落储备、泄露电缆布放方向性要求较高、电缆嫁接会增加转接头损耗等因素，其优化复杂度极高。

（2）5G 系统不同业务密度场景的室内覆盖系统建设策略

① 高业务密度区

对于高业务需求隔断开阔场景，建议采用 4 通道分布式有源室内覆盖系统，并在满足容量和上行底噪要求的情况下，把尽可能多的天线内置型远端射频单元合并成一个小区；

对于高业务需求隔断封闭场景，建议采用两通道分布式有源 + 无源室内覆盖系统或微基站 + 泄露电缆室内覆盖系统。

② 中业务密度区

对于中业务需求隔断开阔场景，建议采用两通道分布式有源 + 无源室内覆盖系统或微基站 + 泄露电缆室内覆盖系统；

对于中业务需求隔断封闭场景，建议采用两通道分布式有源 + 无源室内覆盖系统。

③ 低业务密度区

对于低业务需求隔断开阔场景，建议采用单通道分布式有源 + 无源室内覆盖系统或微基站+泄露电缆室内覆盖系统；

对于低业务需求隔断封闭场景，建议采用单通道分布式有源 + 无源室内覆盖系统。

3. 分场景的室内覆盖系统规划

移动通信系统的室内覆盖规划应通过测试评估建筑物区域内的移动通信信号覆盖水平，结合建筑物特征和周边基站部署情况综合确定室内覆盖系统建设的必要性。

移动通信系统的室内覆盖建设方式可根据建筑物的类型及功能区，结合容量规划选择，主要有分布式有源、分布式无源天馈、分布式有源+无源、分布式有源+泄露电缆等类型，具体选择详见表 3-24。

表 3-24　室内覆盖建设方式选择

移动通信系统 业务量密度区	建筑物特征	室内覆盖方式
高密度区域	各种构型	分布式有源方式
中、低密度区域	较封闭环境	分布式有源或分布式有源+无源方式
	全开放、半开放环境	分布式有源+无源或分布式无源天馈方式
	隧道、封闭走廊等狭长区域	泄露电缆或分布式有源+无源或定向天线对打方式

综上所述，对于数据业务量要求高、定位需求精确、业主配套条件好的场景，推荐采用分布式有源室分覆盖；对于数据业务量要求中等、定位需求低、业主配套条件普通的场景，推荐采用分布式有源 + 无源室分或微基站 + 泄露电缆室分覆盖；对于数据业务量要求低、定位需求低的场景，推荐采用微基站 + DAS 室分覆盖。

隧道、封闭走廊等狭长区域可采用泄露电缆或分布式有源+无源或定向天线对打方式覆盖。

|3.3　5G 无线接入网容量规划|

3.3.1　5G 系统基站容量影响因素分析

5G 的空口多址技术沿用 4G 时的 OFDMA 调制，影响基站容量的因素主要有射频带宽、开销信息、天线传输层数、无线环境与自适应调制方式、调度时隙与调度算法。

1. 射频带宽

根据香农定理，无线系统的信道容量由带宽及信噪比决定，增大带宽、提高信噪比可以增大信道容量：

$$C = W * \log_2(1 + S/N)$$

其中，C 是信道容量；W 是信道的带宽；S 是平均信号功率；N 是平均噪声功率；S/N 即信噪比。

对于一种无线系统，只要多址调制方式确定了，各种速率要求的解调信噪比也就基本定了。5G 使用同频组网，实际需要考虑干扰因素，即 SINR，实际用户可享受的速率大小与用户所处位置的 SINR 以及该时刻基站的忙闲程度有关。5G 系统基站单载波的支持带宽为 5～400MHz，使用载波聚合可以支持更大的带宽，增加带宽可以提供更高的空口速率。

2. 开销信息

5G 和 4G 的无线空口都使用时频资源，时频资源从用途上可分为参考信号、控制信道、业务信道 3 类，一般参考信号和控制信道称为开销信息，控制信道的时频资源配置与寻呼信道和接入信道的容量有关，只有业务信道的时频资源配置与基站容量强相关，5G 信道使用的最小资源单位是资源单元（Resource Element，RE）。

目前主流的 5G 网络采用 TDD 制式，上下行信道共享一个无线帧，因此分析基站的上下行容量（速率）时，首先要确定上下行时隙配比，然后分析上下行信道开销信息，最后得出可用于传输数据的物理下行共享信道（PDSCH）的 RE 数。

下行开销信息包括 SSB（主同步信号+辅同步信号+物理广播信道）信息块、GP、物理下行控制信道（Physical Downlink Control Channel，PDCCH）、PDSCH 的解调参考信号（Demodulation Reference Signal，DMRS）、物理下行控制信道（Physical Downlink Control Channel，PDCCH），只有去除上述的信号和信道开销信息所占用的 RE 资源，剩余的 RE 资源方可用于 PDSCH 传输业务数据。

上行开销信息包括 PUSCH 的 DMRS、相位跟踪参考信号（Phase-Tracking Reference

Signal，PTRS）、探测参考信号（Sounding Reference Signal，SRS）、物理随机接入信道（Physical Random Access Channel，PRACH）、物理上行控制信道（Physical Uplink Control Channel，PUCCH），去除这些开销信息所占用的 RE 资源，剩余的 RE 资源方可用于 PUSCH 传输业务数据。

3. 天线传输层数

5G 采用大规模天线技术，收发信机采用 64TRX/192 振子，比 4G 的 8×8 MIMO（8 层）复用层数更多，可提升上下行吞吐量。目前厂商技术可实现下行 12 层、上行 8 层的多流传输，理论上还可以提供 16、24、32 甚至更多的层数。但是，随着层数的增加，层数之间的正交性变差，增益反而不明显，而且实际环境中很难找到 16 层以上的场景。

4. 无线环境与自适应调制方式

由于用户所处无线环境多变，为了提高信道容量和抗干扰能力，5G 信道采用自适应编码调制方案，当用户终端处于信道状态较好（高 SINR）的区域时，基站为该用户分配时频资源采用低冗余度的 256QAM 调制，一个符号可传输 8bit；当用户终端处于信道状态较差的区域时（SINR 较低），这时基站分配给该用户的时频资源采用高冗余度的 QPSK 调制，一个符号可传输 2bit。通常判断用户接收的信号好坏使用 SINR，但是在 4G 和 5G 规范中，用户终端上报的不是 SINR，而是信道质量指示（Channel Quality Indicator，CQI），CQI 和 SINR 之间有换算关系，这属于每个厂家内部的算法，可能略有差异，实际网络可用大量路测数据拟合互相关系趋势线。SINR 好的区域，CQI 大。考虑到终端是否支持 256QAM 调制，5G 的 CQI 和 MCS 之间的对应关系有两个表，不支持 256QAM 调制的 CQI 和 MCS 之间的对应关系见表 3-25，支持 256QAM 调制的 CQI 和 MCS 之间的对应关系见表 3-26。

表 3-25　不支持 256QAM 调制的 CQI 和 MCS 之间的对应关系

CQI	调制方式	码率×1024	效率
0	（超出范围）		
1	QPSK	78	0.1523
2	QPSK	120	0.2344
3	QPSK	193	0.3770
4	QPSK	308	0.6016
5	QPSK	449	0.8770
6	QPSK	602	1.1758
7	16QAM	378	1.4766
8	16QAM	490	1.9141
9	16QAM	616	2.4063
10	64QAM	466	2.7305
11	64QAM	567	3.3223

续表

CQI	调制方式	码率×1024	效率
12	64QAM	666	3.9023
13	64QAM	772	4.5234
14	64QAM	873	5.1152
15	64QAM	948	5.5547

表 3-26　支持 256QAM 调制的 CQI 和 MCS 之间的对应关系

CQI	调制方式	码率 × 1024	效率
0	（超出范围）		
1	QPSK	78	0.1523
2	QPSK	193	0.3770
3	QPSK	449	0.8770
4	16QAM	378	1.4766
5	16QAM	490	1.9141
6	16QAM	616	2.4063
7	64QAM	466	2.7305
8	64QAM	567	3.3223
9	64QAM	666	3.9023
10	64QAM	772	4.5234
11	64QAM	873	5.1152
12	256QAM	711	5.5547
13	256QAM	797	6.2266
14	256QAM	885	6.9141
15	256QAM	948	7.4063

和 4G 一样，5G 终端上报的 CQI 只有 4bit 信息，因此 CQI 只有 15 个有效数值（0 值无效），而调制方式只有 QPSK、16QAM、64QAM、256QAM，为了和 CQI 对应，一种调制方式使用不同的编码效率来对应不同的 CQI。

5G 规范规定的 MCS 方案有 32 个，见表 3-27 和表 3-28。当基站收到终端上报的 CQI，需要根据一定的算法确定上下行链路使用的 MCS，然后通过调度指配发送给终端，MCS 和 CQI 也并不一一对应，之间的映射关系由基站确定，各厂家有些差异。

表 3-27　MCS 调制方案（不含最高频谱效率方式）

MCS 值 I_{MCS}	调制等级 Q_m	目标编码率×[1024]R	频谱效率
0	2	120	0.2344
1	2	157	0.3066
2	2	193	0.3770
3	2	251	0.4902

续表

MCS 值 I_{MCS}	调制等级 Q_m	目标编码率×[1024]R	频谱效率
4	2	308	0.6016
5	2	379	0.7402
6	2	449	0.8770
7	2	526	1.0273
8	2	602	1.1758
9	2	679	1.3262
10	4	340	1.3281
11	4	378	1.4766
12	4	434	1.6953
13	4	490	1.9141
14	4	553	2.1602
15	4	616	2.4063
16	4	658	2.5703
17	6	438	2.5664
18	6	466	2.7305
19	6	517	3.0293
20	6	567	3.3223
21	6	616	3.6094
22	6	666	3.9023
23	6	719	4.2129
24	6	772	4.5234
25	6	822	4.8164
26	6	873	5.1152
27	6	910	5.3320
28	6	948	5.5547
29	2	（保留）	
30	4	（保留）	
31	6	（保留）	

表 3-28　MCS 调制方案（含最高频谱效率方式）

MCS 值 I_{MCS}	调制等级 Q_m	目标编码率×[1024]R	频谱效率
0	2	120	0.2344
1	2	193	0.3770
2	2	308	0.6016
3	2	449	0.8770
4	2	602	1.1758

MCS 值 I_{MCS}	调制等级 Q_m	目标编码率×[1024]R	频谱效率
5	4	378	1.4766
6	4	434	1.6953
7	4	490	1.9141
8	4	553	2.1602
9	4	616	2.4063
10	4	658	2.5703
11	6	466	2.7305
12	6	517	3.0293
13	6	567	3.3223
14	6	616	3.6094
15	6	666	3.9023
16	6	719	4.2129
17	6	772	4.5234
18	6	822	4.8164
19	6	873	5.1152
20	8	682.5	5.3320
21	8	711	5.5547
22	8	754	5.8906
23	8	797	6.2266
24	8	841	6.5703
25	8	885	6.9141
26	8	916.5	7.1602
27	8	948	7.4063
28	2	（保留）	
29	4	（保留）	
30	6	（保留）	
31	8	（保留）	

5. 调度时隙和调度算法

为了增加信道容量，5G 采用比 4G 子帧（1ms）更短的时隙间隔，更短的调度周期可以适应快速多变的无线信道环境，5G 调度算法和 4G 类似，采用了比例公平调度算法以及 HARQ 技术，先为信道条件好的用户分配资源并采用高阶调制方案，快速完成中心用户服务，可为边缘用户提供更多的资源。

3.3.2　业界 5G 系统基站设备容量能力

从 3.3.1 小节的分析可知，5G 系统基站的容量是个动态的变量，当系统带宽、开销信息确定以后，5G 系统基站的容量与覆盖区域内的用户分布有关，可以根据历史忙时测量报告（Measurement Report，MR）数据确定用户的分布位置。

5G 系统基站分为 CU/DU 基带部分和 AAU 有源天线两部分，不同的运营商对 eMBB 设备的 CU 和 DU 有分设和合设两种部署方式。目前设备厂商的低频宏基站 AAU 设备支持最大 100MHz 带宽、64TRX/192 振子，下行提供 12 流、上行提供 8 流传输；最大发射功率 200W，AAU 到 DU 上联端口采用增强型 CPRI（enhanced CPRI，eCPRI）方式，需配置 25Gbit/s 光口。主流的基站单小区 RRC 数为 2000 左右。

5G 系统基站设备的容量或吞吐量是网络容量规划和优化的关键指标，从 3G 开始，扇区容量以吞吐量为主要指标，基于基站设备能力的小区最大吞吐量是一定的，而每个小区实际的吞吐量上限受覆盖水平影响，因为小区的上下行采用自适应可变的调制方式，当 5G 终端处于信号良好区域时采用低冗余度纠错码的 256QAM 高阶调制，当终端处于信号差的区域时采用高冗余度纠错码的 QPSK 调制方案。如果 5G 系统基站采用各位置处最大吞吐量的平均值进行网络规划，各小区的实际最大吞吐量是存在差异的一个分布。设想可以通过取定各小区的平均 SINR、从平均 SINR 推导出关联的调制方案，从而得出小区的实际最大吞吐量，这种方法还有待网络部署实践验证。

举例说明：采用最大单小区峰值速率计算方法，已知条件：3.5GHz、100MHz 带宽、子载波 30kHz、基站 64T64R、终端 2T4R、上下行均采用 256QAM 调制，编码效率 8/9，下行 12 流，上行 8 流，SSB 周期 20ms，每时隙 2 个 SSB（2ms 完成 8 个波束扫描），帧结构采用 DDDSUDDSUU 的 2.5ms 双周期。下行和上行时隙安排分别见表 3-29 和表 3-30。

表 3-29　下行时隙安排

下行时隙	PDCCH（符号）	DMRS（符号）	PUCCH+SRS（符号）	GP（符号）	PDSCH（符号）	RE（符号）	SSB（符号）	PDSCH RE（时隙）	流数	编码效率	256QAM 每符号比特数	数据量（bit）
Ds	1	1	0	0	12	3276	1920	37 392	4	8/9	8	1 063 595
D	1	1	0	0	12	3276	0	39 312	4	8/9	8	1 118 208
S	1	1	2	4	6	3276	0	19 656	4	8/9	8	559 104

4 流单用户物理层下行峰值速率：（17D+4Ds+8S）/0.02=1.35Gbit/s——其中，D、Ds、S 分别表示下行、带 SSB 的下行和特殊时隙，应用层下行峰值速率=1.11Gbit/s；下行 12 流小区物理层峰值速率：1.35×3=4.05Gbit/s，应用层峰值速率=3.24Gbit/s。

表 3-30　上行时隙安排

上行时隙	PDCCH（符号）	DMRS（符号）	PUCCH（符号）	GP（符号）	PUSCH（符号）	RE（符号）	SSB（符号）	PUSCH RE（时隙）	流数	编码效率	256QAM 每符号比特数	数据量（bit）
U	0	0	2	0	12	3276	0	39 312	2	8/9	8	559 104

双流单用户物理层上行峰值速率：12U/0.02=335Mbit/s——其中，U 表示上行时隙，应用层上行峰值速率=268Mbit/s；上行 8 流小区物理层峰值速率：335Mbit/s×4=1.34Gbit/s，应用层峰值速率=1.1Gbit/s。

前面讨论过小区容量与小区内用户的分布位置有关，上面计算的是小区峰值速率，只有用户均分布在小区极好点时才能实现。网络规划使用的基站容量通常采用平均速率，一般 3 小区的基站上联的带宽规划也不是用 3 个小区的峰值速率之和，常见的是使用 1 峰 2 均。

3.3.3 5G 系统宏站容量规划

宏站容量规划的目标是确定规划区域内的站点数量和配置来满足容量需求，通常包括单用户的吞吐率和最大的接入用户数等需求。对于整个区域来说，最简单的容量需求估算可以根据用户业务模型和预测的用户数来确定。得到容量需求后，再依据设备能力，确定站点数量和配置情况；即依据区域用户数、单用户忙时业务量，确定在一定容量负荷下的网络站点规模和需要的载波数。根据用户历史数据、业务发展策略等趋势预测用户数，根据用户历史数据以及资费策略等预测忙时业务量：忙时业务量×用户数=业务总量。

1. 容量规划的思路

目前 5G 网络以 eMBB 业务为主，公众业务仍主要为视频浏览、网页浏览、LTE 承载的语音（Voice over LTE，VoLTE）、即时通信、移动支付、移动购物、电子邮件等，和 4G 的业务模型类似，所以目前 eMBB 的手机终端业务可以利用 4G 业务模型来估算。

未来需要支持 mMTC 和 URLLC 业务，5G 网络下挂多样化终端，有手机终端，也有专用终端，业务终端形态不同，每种业务对传输带宽、时延、误码率等 QoS 要求也不同，因此用一个通用的用户忙时业务模型推导出的用户数量规模参考价值不大，根据此通用的网络容量无法制定用户和业务发展规划。实际如 mMTC、5G V2X 将与 eMBB 不同频段部署，也很可能会有专用频段的 5G 专网，规划时宜对以上不同业务场景分别预测相应的业务量。

2. 用户忙时业务量预测

容量规划的关键是单用户忙时业务量预测。由于 5G 用户使用混合业务，需要根据每种业务上下行的会话时长、会话速率、会话占空比、单用户忙时会话次数（Busy Hour Session Attempts，BHSA）、该业务渗透率、业务重传率，最后得出单用户忙时业务模型。

eMBB 业务和 4G 类似（业务模型参数参考设备商数据），并将提供 5G NR 承载的语音（Voice over NR，VoNR）业务，以及增加 4K 视频业务；假设 4K 视频上传和下载对称，5G 网络各类业务模型示例见表 3-31。

表 3-31 5G 网络各类业务模型示例

业务种类	上行					下行				
	承载速率（kbit/s）	会话时长（s）	会话占空比	误块率	单业务吞吐量（kbit）	承载速率（kbit/s）	会话时长（s）	会话占空比	误块率	单业务吞吐量（kbit）
VoIP	26.9	80	0.4	1%	869.408	26.9	80	0.4	1%	869.408
视频电话	62.53	70	1	1%	4420.871	62.52	70	1	1%	4420.164
视频会议	62.53	1800	1	1%	113 679.54	62.52	1800	1	1%	113 661.36
实时游戏	31.26	1800	0.2	1%	11 366.136	125.06	1800	0.4	1%	90 943.632
流媒体	31.26	1200	0.05	1%	1894.356	250.11	1200	0.95	1%	287 976.654
IMS 信令	15.63	7	0.2	1%	22.10082	15.63	7	0.2	1%	22.10082
网页浏览	62.53	1800	0.05	1%	5683.977	250.11	1800	0.05	1%	22 734.999
文件传输	140.68	600	1	1%	85 252.08	750.34	600	1	1%	454 706.04
E-mail	140.68	50	0.5	1%	3552.17	750.34	50	0.3	1%	11 367.651
P2P 文件共享	250.11	1200	1	1%	303 133.32	750.34	1200	1	1%	909 412.08
4K 视频业务	40 000	1200	1	1%	48 480 000	40 000	1200	1	1%	48 480 000

其中，单业务吞吐量=承载速率×会话时长×会话占空比/（1–误块率）；IMS 为 IP 多媒体子系统（IP Multimedia Subsystem）。进一步核算平均每用户忙时的业务吞吐量，见表 3-32。

表 3-32 5G 网络平均每用户忙时各类业务吞吐量示例

业务类别	业务使用占有率	BHSA	峰均比	上行单业务吞吐量（kbit）	下行单业务吞吐量（kbit）
VoIP	100%	1.4	40%	1704.04	1704.04
视频电话	20%	0.2	40%	247.57	247.53
视频会议	20%	0.2	40%	6366.05	6365.04
实时游戏	30%	0.2	40%	954.76	7639.27
流媒体	15%	0.2	40%	79.56	12 095.02
IMS 信令	40%	5	40%	61.88	61.88
网页浏览	100%	0.6	40%	4774.54	19 097.40
文件传输	20%	0.3	40%	7161.17	38 195.31
E-mail	10%	0.4	40%	198.92	636.59
P2P 文件共享	20%	0.2	40%	16 975.47	50 927.08
4K 视频业务	10%	0.1	40%	678 720.00	678 720.00
合计				717 243.97	815 689.14

上行单用户忙时平均业务量=717 243.97/3600=199.23kbit/s；

下行单用户忙时平均业务量=815 689.14/3600=266.58kbit/s。

利用 3.3.2 小节中的小区平均吞吐率，用该值除以单用户忙时平均业务量就可以得出单小区可容纳的用户数。

3. 其他考虑因素

由于业务量地理分布的不均衡性，为了保证容量规划更精细，需要将整个区域划分成更小的区域。一般根据地理场景的不同业务特征（吞吐率和用户密度等）来划分，如密集市区、普通城区、热点商务区、工业园区、校园、高铁、高速公路等。

规划中，每个区域的公众用户业务量分布可以参考原先运行的 4G 网络的业务量数据。但 5G 网络除了公众用户外还有行业用户，我国运营商目前行业业务和公众业务统一承载于一张 5G 网络，同时引入了网络切片的概念。在规划中，不同的切片资源需要匹配不同业务的容量需求，这是 5G 容量规划不同于以往容量规划的重要特点。不同业务容量的需求应以业务感知来确定，根据业务感知保障最低要求得到不同业务的最低保障速率指标，作为业务模型的基础。此外，容量规划中还应考虑网络对最大并发连接数的限制。

5G 网络带宽更大、容量更大，建网初期的规划以覆盖为主，容量不存在瓶颈，但随着未来网络覆盖的完善、公众用户和行业应用增长，容量规划将面临扩容的问题。

5G 网络中资源块的配置是通过 MCS 索引值来实现的。MCS 索引的选择根据 UE 所测量到的信号与噪声和干扰的比值（SINR）来确定。每种 MCS 设定了一个 SINR 值的门限范围。SINR 值高，可以选择高阶 MCS，如 64QAM；SINR 值低，只能选择低阶 MCS，如 QPSK。而 SINR 正是网络覆盖质量的主要指标，因此 5G 网络的覆盖质量对容量有较大的影响。5G 网络在部署过程中，优先通过覆盖优化来满足局部容量需求，在覆盖指标已较好的情况下，再考虑容量的扩容规划。

扩容规划需要衡量网络的负荷情况，确定扩容门限。根据现有 LTE 网络来看，衡量网络负荷的主要指标是 PRB 利用率、流量和 RRC 数，5G 网络仍将其作为衡量扩容需求的主要指标。

PRB 利用率分为上行信道 PRB 利用率和下行业务信道 PRB 利用率：下行业务信道 PRB 利用率用来评估下行业务信道的使用情况，上行信道 PRB 利用率用来评估上行信道的使用情况。这两个 PRB 利用率的门限值都建议取定为 50%。

流量和 RRC 数作为衡量网络是否需要扩容的指标，主要根据用户的感知体验需求来确定，其中 RRC 数对物联业务场景尤为重要。通过预测用户发展和业务模型，结合设备能力来估算扩容指标。也可以提取全网指标后，通过对各个扇区的指标进行分析排序后确定扩容区域。

3.3.4　5G 系统室内覆盖容量规划

1. 5G 系统室内覆盖容量规划原则

（1）进行覆盖系统设计时，应保证系统的扩容能力。

（2）应优先选用方便扩容的分布式有源室内覆盖系统或分布式有源＋无源室内覆盖系统。

（3）针对业务需求特别高的站点，在满足覆盖需求的情况下，应采用分布式有源室内覆盖系统，且不应级联。

（4）针对业务需求中等的站点，应采用级联的分布式有源室内覆盖系统或分布式有源＋无源室内覆盖系统，以便系统容量紧张时，可以在不改变分布系统架构的情况下，通过增加通道数即空分复用、增加载波及小区分裂等方式，满足业务需求。

（5）针对业务需求低的站点，应采用分布式有源＋无源室内覆盖系统或微基站＋泄露电缆室内覆盖系统，可在系统容量增加时增加通道数，但改造难度较大。

2. 5G 系统室内覆盖容量规划方法

容量规划可以分为基于历史数据的趋势外推法与无历史数据的增长因子推导法两种，前者虽然能够获得较为准确的结果，但后者可在无历史数据时使用，更适用于当前的 5G 建设。

（1）趋势外推法

采用曲线拟合，具体方法包括线性回归法、二次多项式拟合和指数拟合。这些方法可以单一使用，也可以组合起来应用，单一预测方法的效果一般劣于组合方法，常采用多种曲线拟合方法的不等权组合预测。

（2）增长因子推导法

可采用如下公式进行计算：站点平均在线用户数＝该点覆盖的常驻总人数×该运营商市场占有率×5G 渗透率×增长因子。其中，增长因子取决于用户行为，与地域相关。

在某一类型的 5G 系统室内覆盖站点投入使用后，通过将域内各个小区的平均在线用户数相加，可获得站点平均同时在线用户数；同时再获取站点总人数、市场占有率及 5G 渗透率，即可反向推算出增长因子。容量规划步骤如下：先经过取样调查和综合分析，得出单用户目标速率；再根据已开通站点的用户密度和增长因子，估算新建室分站点的用户数。

|3.4 5G 无线接入网服务质量评估|

3.4.1 服务质量参数

网络的服务质量参数有基于网络设备的关键性能指标（Key Performance Indicators，KPI）和基于用户体验的关键质量指标（Key Quality Indicators，KQI）两大类。

KPI 是针对网络设备侧的性能统计指标，分为覆盖指标、资源利用类、质量指标、移动性指标、接入性能指标、保持性能指标六大类、数百子类指标。开通 VoNR 业务前，5G 只提供数据类业务，并通过回落到 4G/3G/2G 实现语音通话。5G 网络现阶段的 KPI 主要如下。

> 接入时延（终端发起）：移动用户发起 PDP 激活到激活完成的时延。

> 开机附着时延：移动用户从开机到附着成功的时延。

> 接入成功率：接入尝试成功的百分比。

> 误帧率（Frame Error Ratio，FER）：数据传输过程中帧传错的概率。

> 误块率（Block Error Ratio，BLER）：出错的块在所有发送的块中所占的百分比（只计算初次传送的块）。

> 掉线率：掉线次数占成功完成的连接建立次数的百分比。

> 切换成功率：切换成功次数占切换总次数的百分比，包括 5G 不同小区之间和 NSA 方式下 5G 与 4G 系统间的切换。

> 语音回落成功率：语音业务回落成功的次数占总回落次数的百分比。

KQI 是基于用户感知而制定的指标，不同的运营商关注的 KQI 略有差异。例如，根据用户的网页浏览、视频播放、即时通信、手机游戏 4 种业务制定的 KQI 如下。

> 网页浏览：首包时延、首屏时延、打开时延。

> 视频播放：峰值速率、平均速率、加载时延、缓冲次数。

> 即时通信：成功次数、失败次数、发送时延、成功率。

> 手机游戏：成功次数、失败次数、发送时延、成功率。

评价一个无线网络的质量需要结合 KPI 和 KQI，其中 KPI 主要以无线侧统计，而 KQI 是关联核心网的端到端的统计结果。

3.4.2　服务质量评估方法

评估网络服务质量的方法大致有以下几种。

> 基于网管的 KPI：可以通过网管计数器统计计算得到的网络性能评价指标。

> 基于路测（Drive Test，DT）/拨打质量测试（Call Quality Test，CQT）评估 KPI：通过路测采集无线空口信令和信号质量等获取的无线网络 KPI。

> 基于 MR 数据统计的覆盖指标：通过无线网管安装服务器，采集全网终端上报的 MR 测量报告，进一步统计形成。

> 基于 App 工具测试 KQI：一般通过手机安装运行 App 统计上报，这种方法的缺点是指标和 App 安装手机数量相关。

> 基于深度包监测（Deep Packet Inspection，DPI）统计：在核心网关键节点安装 DPI 设备，解析全量的业务类数据包得出的 KPI，DPI 系统设备投资较大。

> 基于客户投诉信息建立的投诉分析系统，其中与网络质量相关的可作为 KQI 的一部分。

|3.5 5G 无线接入网仿真|

3.5.1 5G 无线接入网仿真规划步骤

在移动网规划中，移动网的站点布局与规模由基站覆盖能力、基站容量能力与基站组网后的性能综合决定。网络建设初期，基站覆盖能力是主要参考指标。常规根据链路预算得出的平均站距来设置目标覆盖区域的站点布局，并尽可能利旧已有站址资源，形成站点预规划方案。利用无线仿真工具可对预规划方案进行覆盖验证，进而对覆盖不良区域进行站点补充或调整，通过迭代仿真确定最终站点布局。对于首期采用基于 LTE 站点 1∶1 方式建设 5G 网络的情况，预规划方案即为现网 LTE 站点布局。

如图 3-10 所示，借助目前的无线仿真工具，可分 9 步在 4G 现网部署基础上实现 5G 无线站点规划。每个步骤的概要方法如下所述。

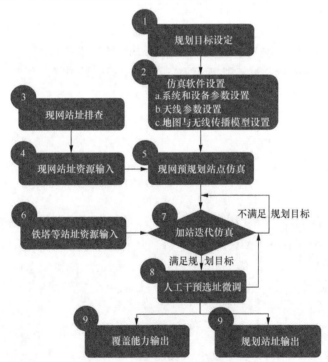

图 3-10 5G 无线站点规划流程

第一步，规划目标设定。

主要设定 5G 无线接入网规划目标，初期主要从覆盖能力上考虑，包括确定 5G 无线接入网的边缘上、下行速率要求以及满足上述速率要求的区域覆盖率要求。这些目标作为第七步加站迭代仿真是否结束的判断条件。与 3G、4G 的区别在于具体的边缘速率设置要求，应结合 5G 无线接入能力与运营商发展 5G 典型业务的要求综合给出，覆盖率设定则应兼顾建网成本、建网周期及用户体验。

第二步，仿真软件设置。

作为仿真规划的关键步骤，该步可拆分为 3 个子项：第一子项为系统和设备参数设置，应根据网络规划进行设置，包括频段、载波带宽、无线承载、基站和终端的技术参数等；第二子项为天线参数设置，由于 5G 采用了 Massive MIMO 天线，与 3G、4G 天线设置有较大的不同，详见下文；第三子项是地图与无线传播模型设置，由于 5G 相比前期技术部署在更高频段，受城市地貌影响更显著，因此对仿真地图的精度和无线传播模型的准确度提出了更高的要求，5m 精度的三维地图和射线跟踪模型成为 5G 时代城市区域仿真的理想工具。

第三至第五步，现网预规划站点仿真。

国内运营商以及大多数的国外运营商都是在现有 3G、4G 系统上叠加 5G 系统。无论采用 SA 组网还是 NSA 组网，充分利用现有站址都是首要的考虑。目前 Atoll 已支持根据目标覆盖门限自动添加站点的功能，在筛选现有站址，排除高度、站距等不满足利用条件的基站后，可直接基于剩余站点进行首次仿真，并输出上/下行速率、下行参考信道电平值和下行 SINR 作为进一步完善站点布局的依据。

第六、第七步，加站迭代仿真。

在首次仿真结果输出后，可根据仿真结果通过仿真工具进行自动加站和迭代仿真，并进行人工的站址调整优化。软件仍支持人工加站方式，但考虑到 5G UDN 带来的繁重工作量，自动加站功能势必成为主流的应用。

第八、第九步，仿真输出。

通过加站迭代仿真达到了规划目标后，需对规划站点进行一定的人工干预，主要是对一些落点不合理的站点进行微调，并针对最终的站址布局做最后仿真。最终输出的覆盖预测结果主要包括规划站点清单和对应的上/下行速率的分布图、下行参考信道电平值的分布图和下行 SINR 的分布图。同理，可根据相关业务的性能指标进行对应的业务覆盖仿真。

上述 9 个步骤中，Massive MIMO 天线模型的设置，射线跟踪模型的选用及相关参数设置，自动选站、自动优化模块在加站迭代仿真中的应用是 5G 无线接入网仿真规划的关键环节，对 5G 无线接入网仿真规划的顺利开展和成果输出有较大影响。

3.5.2　业界仿真工具

目前已有不少为无线网络规划设计的实用仿真软件，其中较为常见的有 CNP、ANPOP、Aircom Enterprise，以及 Atoll 等。CNP 软件是中兴通讯自主研发的移动通信规划软件。ANPOP 软件是中国移动通信集团设计院独立研发的、具备完整 TD-LTE 网络规划功能的仿真软件，是业内首款针对 TD-LTE 网络的专用规划仿真软件。Enterprise 是 Aircom 公司强大的网络规划管理工具组件，其中 Asset 模块是针对无线网络规划的工具模块。Atoll 是法国 Forsk 公司开发的一款全面的、基于 Windows 的、支持多种无线通信技术、用户界面友好的无线网络规划仿真软件。

目前业内的 5G 仿真普遍使用 Atoll 仿真软件。Atoll 是一个原生的 64 位多技术无线网络规划和优化软件，支持无线网络寿命周期内从初始规划、设计到密集部署及网络优化的各阶段工作。

3.5.3 Atoll 软件仿真流程

在 Atoll 中，建立一个 5G NR 工程并进行网络规划、生成预测报告的步骤如下：

① 打开或新建一个工程；

② 网络工程参数配置和传播模型设置；

③ 最优小区覆盖、同步信号 RSRP（Synchronization Signal RSRP，SS RSRP）覆盖预测；

④ PCI 和 PRACH 根序列索引（Root Sequence Index，RSI）规划；

⑤ 话务建模，生成话务地图；

⑥ 波束赋形的波束使用率（Beam Usage）计算；

⑦ 信号质量、吞吐量覆盖预测等；

⑧ 生成和输出统计报告及覆盖图。

操作流程如图 3-11 所示。由于 Atoll 软件的持续更新，不同版本所支持的功能会有差异，这里基于 Atoll 3.4.0 版本。

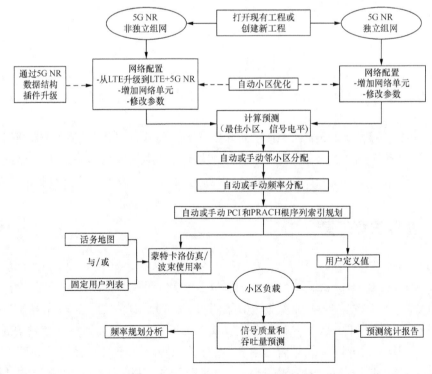

图 3-11　Atoll 软件 5G NR 仿真流程

3.5.4　关键参数设置

仿真参数的设置主要分为 3 类。

第一类为系统和设备参数设置，包括频段、带宽、承载、基站和终端的设备性能参数等；

第二类为天线参数设置，由于 5G 采用了 Massive MIMO 天线，与常规天线设置有较大的不同；

第三类是地图与无线传播模型设置，由于 5G 在较高频段部署，对仿真地图的精度和传播模型提出了更高的要求，5m 精度的三维地图和射线跟踪模型从 3G、4G 时代仿真的可选项变成了 5G 时代的必选项。

其中，对 5G 系统仿真影响最大的关键参数设置是 Massive MIMO 天线模型参数设置和射线跟踪模型的选用及相关参数设置。

1. Massive MIMO 天线模型参数设置

Massive MIMO 天线作为 5G 的关键技术，是 5G 实现大带宽无线接入能力的关键。如图 3-12 所示，Massive MIMO 天线与传统天线的主要区别在于 Massive MIMO 天线不再是单一波束——即在软件设置中不止对应一个天线方向图，而是多个波束，对应多个天线方向图。而且业务信道天线方向图的个数和设置与控制信道天线方向图的个数和设置又有所不同。体现在软件设置中，需要对业务信道和控制信道分别导入所有波束的方向图，形成一个方向图组。获取 Massive MIMO 天线的方向图成为整个 5G 无线覆盖仿真顺利开展的前提条件。

Atoll 目前采用波束转换（Beamswitching）的三维波束赋形（3D Beamforming）建模方式。运算时，Atoll 会从现有的波束赋形天线波瓣图中选择能够为指定位置提供最佳服务的波束。因此，三维波束赋形建模时必须先导入当前 Massive MIMO 天线所能提供的波束波瓣图用于 Massive MIMO 天线设备建模。

在 Atoll 中，可以使用两种方式建立三维波束赋形模型。

如果已经有当前 Massive MIMO 编码模式下的全部波束赋形模式（Beamforming Pattern）文件，则需要按照 Atoll 的格式整理为一个单独文件并导入。

如果在三维波束赋形建模的时候并没有得到全部的可用波束赋形模式，Atoll 也提供了通过导入单个 Massive MIMO 天线阵元的波瓣图，由 Atoll 的波束生成器（Beam Generator）来计算可能的全部波束赋形模式的功能。首先需要得到 Massive MIMO 天线阵列中单个用于波束赋形的天线单元的波瓣图，这里的天线单元为用于波束赋形的基本单元，然后通过天线建模方式导入 Atoll 的天线（Antenna）文件夹中。

Atoll 波束生成器的波束赋形计算方法来自 3GPP 相关资料及公开文献。由于设备制造商的研发技术和产品性能差异，因此通用算法与通过厂家天线产品数据得到的波束赋形效果通常也存在差异。建议首选来自设备制造商的波束文件，波束生成器的结果只建议在没有针对性数据的情况下使用。

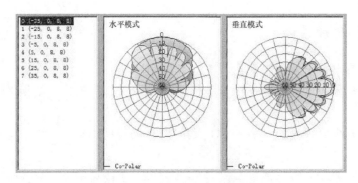

图 3-12 Massive MIMO 天线方向图

2. 射线跟踪模型的选用及相关参数设置

从工业和信息化部颁布的 5G 试验频段来看，新建 5G 系统会部署在较高的 2.6GHz、3.5GHz、4.9GHz 频段，不可避免地要采用密集组网的策略。经 5G 链路预算初步测算，在密集市区、市区场景，站距需要控制在 250～400m 内。传统的 20m 精度的平面地图和统计传播模型只能实现规模预测级别的仿真，不能实现站点选址层面的精准规划。5m 高精度三维地图和射线跟踪模型成为 5G 无线覆盖仿真规划得以实现的有力工具。如图 3-13 所示，对 3.5GHz 频段利用射线跟踪模型的 5G 电平仿真值和实际测试数据进行比较，仿真值与实际测试值趋势一致，标准差在 8dB 以内，对 5G 站点选址规划有指导意义。

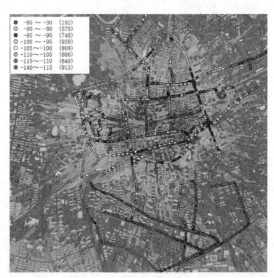

图 3-13 利用射线跟踪模型仿真输出电平与实际测试值比较

Atoll 中比较常用的射线跟踪模型主要有 CrossWave 和 Aster 两种。

（1）CrossWave

Atoll 的 CrossWave 传播模型是由 Orange Labs 开发的通用高性能传播模型。CrossWave 支持所有的无线接入技术和所有的传播环境（从郊区到密集城区都支持），在没有校正或调整的情况下依然可以提供高精度的传播计算结果。CrossWave 模型已经包含了对多种传播环境的预校正参数，也可以进行连续波（Continuous Wave，CW）校正。

　　CrossWave 模型通过合并不同的传播现象（如垂直/水平衍射、水平导向传播和山区反射）来提供实际的结果，如图 3-14 所示，优化了在森林内部或上方以及在水面上的信号传播计算方法，并且模型包含了特别针对室外—室内、室内—室外的穿透算法，属性设置界面如图 3-15 所示。

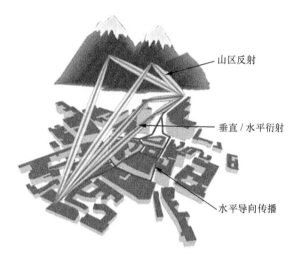

图 3-14　CrossWave 中的传播现象

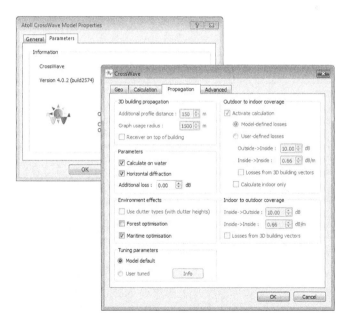

图 3-15　CrossWave 传播模型属性

（2）Aster

Aster 传播模型是由法国 Forsk 公司开发的一个高性能的高级射线跟踪模型。Aster 支持所有的无线接入技术，特别适用于城区和密集城区且有小小区（Small Cell）的传播环境。除了矢量建筑物地图外，Aster 还可以使用栅格地图计算水平和垂直衍射，如图 3-16 所示。Aster 自带 4 种传播环境的配置——宏蜂窝、微蜂窝、Small Cell 以及乡村，也支持使用测量数据进行校正。

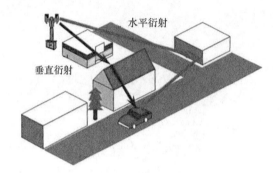

图 3-16   Aster 中的传播现象

在选用射线跟踪模型作为 5G 无线覆盖仿真传播模型后，一方面可以将 5G 实际的室外测试数据导入仿真软件，对射线跟踪模型进行进一步校准，以缩小仿真结果与实际测试的偏差，提高仿真结果的准确度；另一方面，在设置穿透损耗以及室内每米递进损耗时，需充分考虑高频段的损耗特性，应采用实际测试值进行校准。

从目前与测试对比的情况来看，建议仿真关键参数设置见表 3-33。

表 3-33   仿真关键参数设置

关键参数名称	SSB RS	穿透损耗	穿透损耗+室内步进损耗	附加损耗（考虑车损、树木遮挡等）
参考设置值	15dBm	23dB（密集市区） 19dB（市区） 15dB（郊区） 12dB（农村）	0.75dB/m	10dB

3.5.5   仿真输出与规划修正

5G 网络规划时，可以通过对现有站址进行筛选，排除掉一批由于高度、站距以及其他原因不可利用的基站后，进行 1∶1 的 5G 仿真，然后再根据仿真结果加站，进行加站迭代仿真，直至达到 5G 的规划目标。

加站迭代仿真可以采用仿真工具和人工相结合的方式来实现，可大大提高 5G 规划的工作效率。利用自动选站模块，根据输入的规划目标，通过自动迭代计算，输出拟新增站点列表。再通过自动优化模块，对拟新增站点的扇区高度、方向角、下倾角进行自动优化和站点取舍。当迭代仿真达到了规划目标后，再对规划站点进行一定的人工干预，主要是对一些位置不合理的站点（如规划在湖泊中或高楼上的站点）进行微调和补点。最终输出规划站点清单和对应的网络指标预测，如下行电平值分布、上/下行速率等。

按照上述规划思路对某区域进行 5G NR 规划仿真。区域内现有可用站址 184 个，平均站距为 380m。规划目标暂定为 SS RSRP≥−105dBm 且上行速率≥2Mbit/s 的区域比例大于 95%。在现有站址规划仿真结果的基础上，根据此目标再进行加站规划仿真，共计增加基站 89 个，最终平均站距约为 310m。图 3-17 和图 3-18 所示为两次规划仿真的结果对比。

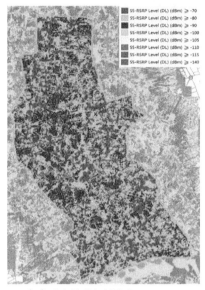
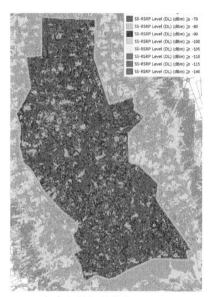

（a）现有站址规划仿真 SS RSRP　　　　　　（b）加站规划仿真 SS RSRP

图 3-17　现有站址规划及加站规划仿真 SS RSRP 结果对比

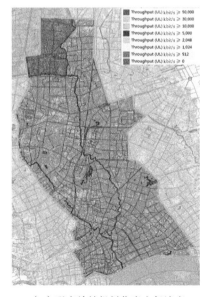
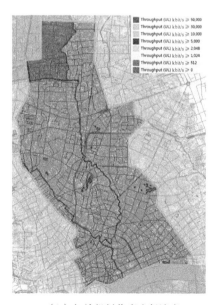

（a）现有站址规划仿真上行速率　　　　　　（b）加站规划仿真上行速率

图 3-18　现有站址规划及加站规划仿真上行速率结果对比

|3.6　5G 无线接入网架构规划|

3.6.1　SA/NSA 架构选择及对基站功能的要求

3GPP 对 5G 网络定义了 SA 和 NSA 两大类部署方式。采用哪种部署方式是运营商面向 5G 商用首先要考虑的关键问题之一。

NSA 部署必然涉及用户面数据在 4G 基站和 5G 基站之间的分流——由核心网进行分流或在基站间的 PDCP 层面进行分流；另外，根据核心网性质、控制面锚点位置、用户面分流位置的不同，网络部署架构还可细分为多个选项。现阶段，考虑到标准化进程及设备成熟度等因素，我国运营商组网选择主要围绕 Option2 和 Option3 系列（3/3a/3x）展开。

Option2 组网结构及接口如图 3-19 所示。5G 基站 gNB 通过 NG 接口接入 5G 核心网。5G 基站与 4G 基站之间的互操作（重选、切换）为跨核心网方式。

Option3 系列（3/3a/3x）的组网结构及接口如图 3-20 所示，其中虚线代表控制面连接，实线代表用户面连接。

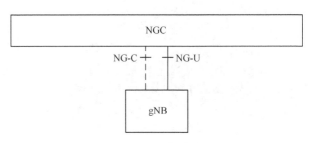

图 3-19　Option2 组网结构及接口

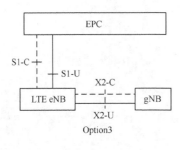

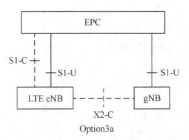

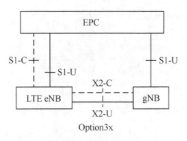

图 3-20　Option3 系列（3/3a/3x）的组网结构及接口

NSA 架构采用 Option3（或 3a/3x）时，5G 基站 gNB 与 4G 基站 LTE eNB 之间为 X2 接口，基站与 4G 核心网 EPC 之间为 S1 接口。在控制面，5G 基站 gNB 通过 4G 基站 LTE eNB 接入 4G 核心网 EPC。在用户面，Option3 中以 LTE eNB 作为用户面数据锚点，由 LTE eNB 确定数据分流给 gNB 的算法，对 X2-U 接口的数据传输带宽要求较高；Option3a 由 EPC 确定数据在 LTE eNB 与 gNB 之间的分流算法，gNB 的用户面数据由 EPC 直接传递，减轻了 X2 接口的压力，且 5G 基站和 4G 基站不必为同厂家，但需要 gNB 至 EPC 的连接；Option3x 以 gNB 作为用户面数据锚点，由 gNB 确定数据分流给 LTE eNB 的算法，一般要求 5G 基站与 4G 基站为同厂家，且需要 gNB 至 EPC 的连接。

Option2 在新业务提供能力、无线网络建设改造难度、终极投资等方面占优；Option3 在标准和产业支持能力、移动连续性、初期建设改造投资等方面占优，是 5G 网络的过渡方案。国内运营商均已部署 Option3x 的 NSA 网络，并正积极开展 SA 端到端组网的测试和试验网部署，将演进到 Option2 方式。

3.6.2　5G 无线接入网部署形态组织

5G 标准中，BBU 功能被重构为 CU 和 DU 两个功能实体，二者间的接口为 F1 接口，如图 3-21 所示。CU/DU 逻辑功能上的分离使无线基站架构可以根据 5G 的三大业务场景灵活部署，更有效地满足业务需求。

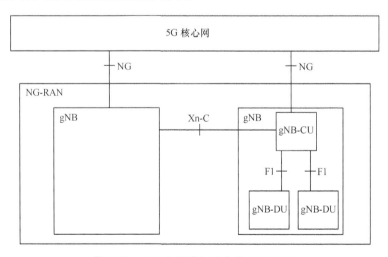

图 3-21　5G 无线接入网中的 CU 和 DU

CU 设备主要包括非实时的无线高层协议栈功能，同时也支持部分核心网功能下沉和边缘应用业务的部署。另外，CU 与 DU 分离有利于在 CU 上实现设备虚拟化和云化。

DU 设备主要处理物理层功能和实时性需求的层 2 功能。为节省 DU 与 RRU 间的传输资源，部分物理层功能也可上移至 AAU 实现。目前 DU 仍采用专用硬件实现。

协议切分方面，对于 CU/DU 高层切分，R15 采用 Option2（在层 2 内部切分），将 PDCP/RRC 作为集中单元，将 RLC/MAC/PHY 作为分布单元。对于 DU/AAU 低层切分，各厂商采用的主要切分方案有基于通用公共无线电接口（Common Public Radio Interface，CPRI）的 Option8、基于 eCPRI 的 Option7 两种。各种协议切分方案如图 3-22 所示。

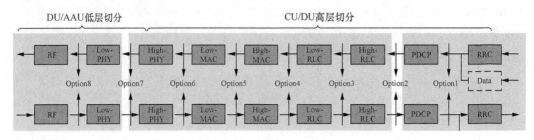

图 3-22　5G 无线接入网逻辑切分方案

5G 建设初期，基于业务及其实现的现状，CU/DU 分设尚无法体现其优越性，并增加了中传的复杂度，因而我国运营商均先采用了 CU/DU 合设的方式，待日后业务形态成熟再转向 CU/DU 分设和 CU 的云化。同时，在物理部署上，4G 时期 BBU 集中的模式得到了进一步推广，形成了 CU/DU 大集中和小集中两种主流的 C-RAN 部署方式。关于 DU/AAU 切分，除部分低配的微站、皮站外，其他类型的基站均支持 eCPRI 方式。

3.7　OMC-R 与无线接入网管理系统规划

3.7.1　无线接入网管理系统的组成和功能

1. 无线接入网管理系统的组成

网络管理有两个层面，设备厂商自带的网管称为网元管理系统（Element Management System，EMS），对无线设备通常也称为无线接入网操作维护中心（Operation and Maintenance Center-Radio，OMC-R），负责无线接入网的本地操作维护管理和网络优化。运营商在各厂商设备子系统之上自建统一的综合网络管理系统（Network Management System，NMS）。EMS 上联 NMS 的接口称为北向接口，EMS 下联网元的接口称为南向接口，整个网管系统的架构如图 3-23 所示。

移动网的网络管理根据负责的内容不同分为核心侧网管和无线侧网管 OMC-R 两部分。运营商在 NMS 层制定统一的网络性能指标体系和统计规则，统筹不同设备商 OMC 上报的网元和系统信息，形成整网的网管统计报告。

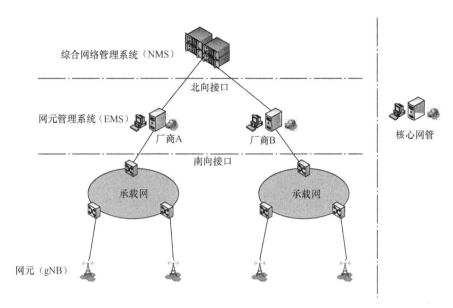

图 3-23　网管系统架构

本地网 OMC-R 的具体功能包括设备集中监控和配置、性能分析、无线网络优化等。OMC-R 上联到 NMS，NMS 和 OMC-R 不同址设置时，本地运维中心可以通过反牵工作站方式实现对 NMS 的远程访问。对 OMC-R 通常有如下建设要求：

（1）所有无线网元都应纳入 OMC-R 的管理系统；

（2）OMC-R 具有远程管理基站电调天线的接口和界面；

（3）OMC-R 扩容需保持功能、接口、软件等方面的后向兼容性；

（4）OMC-R 应具有接入第三方无线综合网络管理系统的能力。

2. 无线网管的功能和作用

5G OMC-R 主要实现无线接入网元 gNB 的管理功能，其功能包含电信管理网（Telecommunication Management Network，TMN）定义的故障管理、配置管理、性能管理、安全管理等功能。主要具有配置管理（含状态管理）、故障、性能、拓扑、软件、安全（含日志）、测试跟踪、系统、命令行操作方式等管理，具有南向、北向接口。网管系统应符合所属网络运营商企业的网管标准，并宜遵循CCSA和3GPP的相关技术标准。

3.7.2　无线接入网管理系统规划

1. 综合 NMS

运营商的综合 NMS 一般采用"全国网管中心—省级/区域网管中心"的两级组织架构，实现对 5G 设备的两级集中监控和管理。全国网管中心（National Network Management Centre，NNMC）通常设置一个到多个。

2. OMC–R

OMC-R 应按每个本地网分设备区规划设置，5G 时期 OMC-R 采用虚拟机方式部署，虚拟机数量根据各设备厂家的 OMC-R 能力和对应设备区的基站规模及配置确定。基站规模及配置常有以小区（Cell）为单位计量，也有多维度的门限设置，不同厂商的取定方法和门限值可能不同，需分别考虑。5G 建设初期，国内运营商均采用 NSA 方式组网，OMC-R 需同时采集和管理 LTE 和 NR 基站的相关信息并进行联合处理和调度，可统一设置 OMC-R。对于多运营商共建无线网的模式，OMC-R 应支持双北向上报，无线网管系统应支持将共享方的北向数据通过承建方综合网管转发至共享方综合网管；共享方可通过反拉终端方式从承建方的 OMC-R 处获取无线接入网的网管数据。

|3.8 无线接入网共建共享|

3.8.1 共建共享背景介绍

随着 5G 网络的规模商用，移动用户的业务体验进一步提升，整个社会的生产和生活方式随之迎来巨变。5G 网络的频段更高，达到 4G 网络同等覆盖的站址规模更大，基站数将会是 4G 的 2~4 倍。另外，从单站建设及维护成本来看，5G 基站相比 4G 基站造价更高、能耗更大，5G 网络建设将给运营商带来巨大的投资压力和运营压力。在"网络强国"国家战略和提速降费的要求下，运营商需要积极探索新的网络建设和运营模式，在保障高质量建设的基础上同时提升 5G 网络的效益和资产运行效率。在此背景下，电信运营商开始探索 5G 网络共建共享的模式，实现互利共赢的发展。

2019 年 9 月 9 日，中国电信股份有限公司与中国联合网络通信有限公司正式签署了《5G 网络共建共享框架合作协议书》，率先开启了 5G 共建共享的新时代。根据合作协议，中国电信与中国联通将在全国范围内合作共建一张 5G 接入网络，共享 5G 基站资源和频率资源。双方划定区域、分区建设，遵循"谁建设、谁投资、谁维护、谁承担网络运营成本"的原则，初期以 NSA 共享作为过渡方案，逐步演进至 SA 的共建共享。

截至 2022 年底，中国电信与中国联通共同部署了约 100 万座 5G 基站，建成了全球首张规模最大的 5G SA 共建共享网络。双方通过 4G/5G 共建共享，累计节省基建费用超 2700 亿元，每年节省运营成本超 300 亿元，减少碳排放超 1000 万吨，产生了巨大的经济和社会效益。

2020 年 5 月，中国移动通信集团有限公司与中国广播电视网络有限公司订立 5G 共建共享合作框架协议，约定双方将联合确定网络建设计划，按 1∶1 比例共同投资建设 700MHz 5G 无线网络，共同所有并有权使用 700MHz 5G 无线网络资产。中国移动将向中国广电有偿提供 700MHz 频段 5G 基站至中国广电在地市或者省中心对接点的传输承载网络，并有偿开放共享 2.6GHz 频段 5G 网络。此外，中国移动将承担 700MHz 频段无线网络的运行维护工作，中国广电向中国移动支付网络运行维护费用。双方还约定，在 700MHz 频段 5G 网络具备商用条件前，中国广电有偿共享中国移动的网络为其客户提供服务。同时，中国移动为中国广电有偿提供国际业务转接服务。

截至 2023 年 10 月，中国广电与中国移动已共建 57.8 万座 700MHz 频段 5G 基站，共享 4G 基站超 300 万座。中国移动已成为全球 5G 网络覆盖最广、5G 客户规模最大的通信运营商。与中国移动合作共建共享，可以发挥中国广电客户资源覆盖广的优势，有望实现共赢。

3.8.2　共建共享模式

铁塔公司的成立开启了规模化的基站和室内覆盖基础设施共建共享，5G 时期无线网建设成本进一步加大，运营商联手走向了网络共享。与虚拟运营商相比，共享双方均自建并独立运行核心网及业务平台，对移动网投资最大的无线接入网部分由两方分区域各自建设、共享使用，即无线接入网共享（RAN Sharing），从而引出了无线接入网共建共享下与核心网的组网和业务实现方式选型问题，分为异网漫游和接入网共建共享两种方式；与双方承载网的沟通方式也需要探讨明确，以下分别展开讲解。

1. 异网漫游方案

异网漫游是一种相对彻底的共建共享合作方式，在该模式下，接入网和承载网均采用共享方式，双方仅自建核心网，计费、开销户和策略控制等功能仍在各自的核心网中实现。承建方的 5G 基站只上联至自身的核心网，再将使用方的业务信息通过核心网网间互通转接至使用方的核心网，使用方的用户业务流程需先后经过承建方的核心网和自身的核心网，如图 3-24 所示。

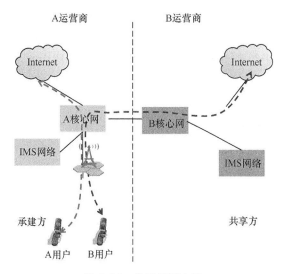

图 3-24　异网漫游方案

在 NSA 组网模式下，NSA 核心网、5G NR、4G 锚点基站均由承建方建设共享，网络侧同时广播承建方公共陆地移动网（Public Land Mobile Network，PLMN）和使用方等效 PLMN（Equivalent PLMN，EPLMN），使用方或共享方为本网 5G 用户下发 EPLMN，使用方通过核心网关口局承接其 5G 用户的流量。对于 4G 无线接入网，需对承建方区域内的使用方 4G 基站进行升级，以引导其 5G 用户接入承建方的 5G 网络。此外，需对承建方的 4G 基站进行扩容，以承接漫游的使用方用户业务开销。

在 SA 组网模式下，异网漫游方案则较为简单，双方 5G 核心网的控制面、用户面进行对接，接入侧则根据不同的语音回落和无 5G 覆盖下切方案指定对应基站进行新网号的广播。

异网漫游方案从长期来看其优点在于整体投资和运营成本最小，特别是在 NSA 组网模式下对于压缩建设投资尤为有效。但缺点在于短期内涉及的网络改造内容较多，包括核心网扩容及互通改造、NSA 下接入网侧 4G 基站的改造或升级等。另外，使用异网漫游方案将会增加业务时延，影响用户体验，对网络切片的支持困难，因此对于对等建设的双方，并不建议选择该共建共享方案。

2. 接入网共建共享

接入网共享是指运营商之间共享同一个物理基站，该基站虚拟为两个逻辑基站，通过回传网络上联接入各自的核心网。同时，双方的承载网采用物理双挂或逻辑双挂的方式进行共享互通。无线操作维护中心系统则由主建方开放权限给共享方。

从载波资源配置的角度，接入网共享又可以分为独立载波方式和共享载波方式。独立载波方式是指运营商各自使用独立的频谱资源、共用一套基站设备，基站同时在两个频段上工作，逻辑组网拓扑中可视作两个独立的基站，每个独立载波广播运营商各自的 PLMN 号。在独立载波方式下，可以进行一定程度的差异化配置，且可保持运营商原有的语音解决方案。共享载波方式是指运营商共享基站资源（包括频谱资源），在基站的工作频段上同时广播双方的 PLMN 号。共享载波方式的频率使用效率较高，但需要运营商协调空口资源分配策略，还需考虑不同的语音解决方案。

根据 SA/NSA 组网模式的不同，接入网共建共享方案也有诸多差异，下面分别讨论。

（1）NSA 单锚点接入网共建共享

NSA 单锚点共享方案是指 5G 共享基站通过单一的 4G 锚点基站接入 NSA 组网架构，即 5G 基站和 4G 锚点基站同时共享，在此情况下，5G 基站和 4G 锚点基站一般需为同厂家设备。4G 锚点基站分别连接到承建方和共享方的 EPC+核心网，具体组网结构如图 3-25 所示。

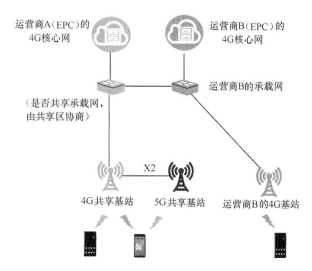

图 3-25　NSA 单锚点组网示意

在 4G 共享锚点站上需要同时广播双方的 PLMN 号，用户可依据 PLMN 号分别接入各自归属运营商的核心网。在 5G 网络共享区域，承建方的 5G 终端开机接入流程与自建无异，而共享方的 5G 终端则需要先搜索本网 4G 基站，因此共享方的 4G 基站需要具备识别 5G NSA 终端并将其引导至承建方 4G 锚点基站的功能，接入锚点站后按照 NSA 网络双连接的建立流程添加 5G NR 连接。

该方案的重点是必须对共享方的 4G 基站进行升级，使其能够引导终端重选至主建方的 4G 锚点基站。此外，还必须对承建方的 4G 锚点基站进行扩容，以保证本网原有 4G 用户的体验不受影响。

（2）NSA 双锚点接入网共建共享

NSA 双锚点共享方案是指双方仅共享 5G 基站，各自锚定己方的 4G 基站，共享区域内 5G 用户的接入流程与自建 NSA 网络的流程基本一致，具体组网结构如图 3-26 所示。

图 3-26　NSA 双锚点组网示意

该方案的重点是要求 5G 与 4G 基站需要同厂家，即双方 4G 基站也需同厂家，受限因素较多。此外，双方的 4G 基站均需升级支持锚点功能。2019 年 9 月，全国首个 5G 共建共享站点在广州开通，该站点即是通过双锚点方案进行建设的。

单锚点和双锚点共享方案目前在技术上均成熟可用，运营商可以根据现网情况选取适合的方案进行初期的 NSA 网络共享，后续均可演进至 SA 网络共享。实际部署中，对于锚点基站选用频点等问题，需要根据运营商的网络实情和运营策略确定。

（3）SA 接入网共建共享

SA 组网模式下，基站侧开通共享功能，连接到双方各自建设的 5G 核心网，且配置双方 4G 基站作为邻区，5G 基站同时广播双方的 PLMN 号。需要重点考虑的问题是，在 VoNR 语音方案成熟前，如何回落至 4G 实现 VoLTE 语音业务。如回落至承建方的 VoLTE，则 4G 基站必须同步进行共享，这将涉及网间结算问题；如回落至各自的 VoLTE，4G 基站无须共享，而 5G 基站则需配置大量异网邻区。

3. 承载网共建共享

5G 共建共享在 NSA 或 SA 阶段对承载网组网架构的需求不变。在 NSA 阶段，承建方和共享方可以地市为单位简便地通过承载网核心层实现互联互通；特殊场景或高品质业务需求下，且基站支持双 NG 接口时也可在接入层进入各自的承载网；在 SA 阶段，则需考虑 URLLC、mMTC 场景对实时性的要求，结合 MEC 等业务发展需求，将互联互通节点按需进行下移。

（1）NSA 阶段 5G 承载网互联互通方案

NSA 阶段可由承建方建设 5G 承载网，承载网的接入层、汇聚层和核心层均需考虑共享方的 5G 流量需求，承建方和共享方的基站流量在 5G 承载网上带宽共享，同时承建方和共享方在承载网核心层实现对接互通，如图 3-27 所示，图中假设运营商本网上下级承载网元间为"口"字形连接，CE 为用户边缘路由器（Customer Edge，CE）。由于共享方的 5G 业务数据在承载网核心层才从承建方网络转至共享方，该方式对共享的 5G 基站和单锚点方式的 4G 基站的上联方式无特殊要求，只需充分考虑双方的业务带宽需求；双锚点方式中，经双方锚点基站的业务数据直接进入各自的承载网，业务通过网络侧与 5G 终端的双连接分流至双网，只对 5G 共享基站存在承载网互通问题。

（2）SA 阶段 5G 承载网互联互通方案

SA 阶段，为了实现共建共享，5G 承载网的承建方仍需兼顾共享方的 5G 需求。同时，承建方和共享方根据实时性要求高的业务需求，考虑 UPF 下沉和 MEC 部署需求，共同讨论确定承载网互联互通的节点位置，以满足业务发展需求。UPF/MEC 下沉设置、承载网通过汇聚层互通的示意如图 3-28 所示。特别地，当共享基站直接接入双方承载网，则需要共享基站支持双上联。

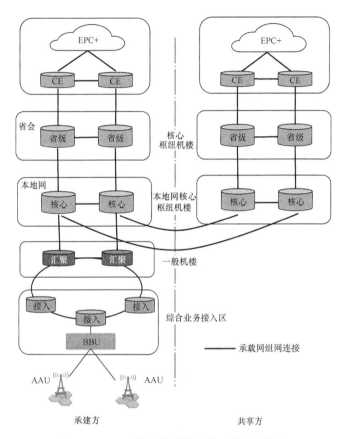

图 3-27　NSA 阶段承载网建议互通方案示意

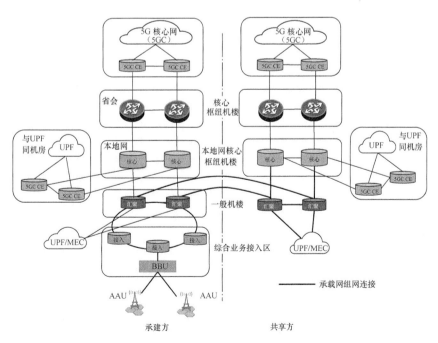

图 3-28　SA 阶段承载网互通方案示意

实际部署中，BBU 和 CU/DU 集中设置已大规模采用，承载网互通方案及对基站的功能要求还需因地制宜、具体论证。

3.8.3　共建共享难点分析

1. NSA/SA 混合架构下的共建共享

5G 网络建设可以选择 SA 和 NSA 两种方式，不同的运营商会根据自身的情况选择组网方式及演进策略，如果双方不能在组网策略（包括演进节奏）上达成一致，则很可能会出现 NSA/SA 混合架构下的共享情况，由此导致技术实现难度攀升。

共享基站同时支持 NSA、SA 或 NSA/SA 兼容模式，对于承建方和共享方采用不同的模式，理论上可以实现，但会导致网络组织和管理更为复杂，少有可能采用。有可能出现的情况是，一张网中不同的承建方在各自的承建区域在一段时期内分别采用 NSA、SA 或 NSA/SA 兼容模式，将可能导致 5G 用户在不同承建方区域内服务模式的差异乃至品质的不一致，尤其对于同一城市内存在多个承建方的情况，用户的业务感知差异可能比较明显；同时，当多个承建方区域同属一个核心网（EPC/5G 核心网）的控制区时，核心网与不同承建区基站间的控制策略、业务机制呈现多样性，无线网承建方边界区域的邻区规划、接口和参数配置、网络优化、故障和投诉定位等的复杂度和难度也进一步提高。在不得以处于以上状态时，相关运营商应注意平衡业务需求、协同边界问题，并尽快全部演进到 SA 架构。

2. 5G 无线接入网资源分配

目前的 5G 共建共享各方案中，无线接入网部分均需共享，而核心网则相对保持独立，这将面临不同运营商之间无线资源的分配问题，包括空口资源、RRC 等都需要双方协调使用。建议运营商间按照一定比例动态分配资源，可以使共享资源利用率最大化。除此以外，还需考虑双方 QoS 业务等级设置不一致、对于专属的一些流量业务如何保证，以及面向行业客户的特殊部署需求等问题。

3. 其他

5G 无线接入网共享为我国首创的 5G 网络建设模式，期间已解决和正在解决的一系列问题为业界提供了宝贵的经验。2020 年 7 月，3GPP 技术标准组（Technical Specification Groups，TSG）第 88 次全体会议上，中国联通和中国电信牵头推进立项的 2.1GHz 频段（50MHz）大带宽 5G 共建共享标准随 R16 一起正式发布，为 ITU 和业界的 5G 共建共享带来新的生机。目前无线接入网共建共享仍面临上行覆盖不足、核心网面向人/物设置不一、是否兼容 NSA 等需要协调和解决的问题，网络共享下的特征规划、建设、运维和优化难题，以及后续行业应用中可预见和难以预见的情况，有待我们持续跟进、投入和总结。

附录1 3GPP TR 38.901 和 TR 36.873 传播模型

1. 3GPP TR 38.901 传播模型

表1 TR 38.901 路径损耗模型（见备注 2）

场景	LOS/NLOS	路径损耗（dB）（其中，f_c 的单位为 GHz，d 的单位为 m，见备注 6）	阴影衰落标准差（dB）	参数默认值和适用范围
RMa	LOS	$PL_{RMa-LOS} = \begin{cases} PL_1, & 10m \leq d_{2D} \leq d_{BP} \\ PL_2, & d_{BP} \leq d_{2D} \leq 10m \end{cases}$ ，见备注 5 $PL_1 = 20\lg\left(40\pi d_{3D} f_c/3\right) + \min\left(0.03h^{1.72}, 10\right)\lg\left(d_{3D}\right)$ $- \min\left(0.044h^{1.72}, 14.77\right) + 0.002\lg(h)d_{3D}$ $PL_2 = PL_1\left(d_{BP}\right) + 40\lg\left(d_{3D}/d_{BP}\right)$	$\sigma_{SF} = 4$ $\sigma_{SF} = 6$	$h_{BS} = 35m$ $h_{UT} = 1.5m$ $W = 20m$ $h = 5m$ h：建筑物平均高度 W：街道平均宽度
RMa	NLOS	$PL_{RMa-LOS} = \max\left(PL_{RMa-LOS}, PL'_{RMa-NLOS}\right)$ ，$10m \leq d_{2D} \leq 5km$ $PL'_{RMa-NLOS} = 161.04 - 7.1\lg(W) + 7.5\lg(h)$ $- \left(24.37 - 3.7\left(h/h_{BS}\right)^2\right)\lg\left(h_{BS}\right)$ $+ \left(43.42 - 3.1\lg\left(h_{BS}\right)\right)\left(\lg\left(d_{3D}\right) - 3\right)$ $+ 20\lg\left(f_c\right) - \left(3.2\left(\lg\left(11.75h_{UT}\right)\right)^2 - 4.97\right)$	$\sigma_{SF} = 8$	适用范围： $5m \leq h \leq 50m$ $10m \leq W \leq 50m$ $10m \leq h_{BS} \leq 150m$ $1m \leq h_{UT} \leq 10m$
UMa	LOS	$PL_{UMa-LOS} = \begin{cases} PL_1, & 10m \leq d_{2D} \leq d'_{BP} \\ PL_2, & d'_{BP} \leq d_{2D} \leq 5m \end{cases}$ ，见备注 1 $PL_1 = 28.0 + 22\lg\left(d_{3D}\right) + 20\lg\left(f_c\right)$ $PL_2 = 28.0 + 40\lg\left(d_{3D}\right) + 20\lg\left(f_c\right) - 9\lg\left(\left(d'_{BP}\right)^2 + \left(h_{BS} - h_{UT}\right)^2\right)$	$\sigma_{SF} = 4$	$1.5m \leq h_{UT} \leq 22.5m$ $h_{BS} = 25m$
UMa	NLOS	$PL_{UMa-NLOS} = \max\left(PL_{UMa-LOS}, PL'_{UMa-NLOS}\right)$, $10m \leq d_{2D} \leq 5km$ $PL'_{UMa-NLOS} = 13.54 + 39.08\lg\left(d_{3D}\right) + 20\lg\left(f_c\right) - 0.6\left(h_{UT} - 1.5\right)$	$\sigma_{SF} = 6$	$1.5m \leq h_{UT} \leq 22.5m$ $h_{BS} = 25m$ （见备注 3）
UMa	NLOS	可选算法 $PL = 32.4 + 20\lg\left(f_c\right) + 30\lg\left(d_{3D}\right)$	$\sigma_{SF} = 7.8$	

续表

场景	LOS/NLOS	路径损耗（dB）（其中，f_c 的单位为 GHz，d 的单位为 m，见备注 6）	阴影衰落标准差（dB）	参数默认值和适用范围
UMi-街道场景	LOS	$PL_{UMi-LOS} = \begin{cases} PL_1, & 10m \leqslant d_{2D} \leqslant d'_{BP} \\ PL_2, & d'_{BP} \leqslant d_{2D} \leqslant 5m \end{cases}$ 见备注 1 $PL_1 = 34.4 + 21\lg(d_{3D}) + 20\lg(f_c)$ $PL_2 = 32.4 + 40\lg(d_{3D}) + 20\lg(f_c) - 9.5\lg\left((d'_{BP})^2 + (h_{BS} - h_{UT})^2\right)$	$\sigma_{SF} = 4$	$1.5m \leqslant h_{UT} \leqslant 22.5m$ $h_{BS} = 10m$
	NLOS	$PL_{UMi-NLOS} = \max\left(PL_{UMi-LOS}, PL'_{UMi-NLOS}\right)$, $10m \leqslant d_{2D} \leqslant 5km$ $PL'_{UMi-NLOS} = 35.3\lg(d_{3D}) + 22.4 + 21.3\lg(f_c) - 0.3(h_{UT} - 1.5)$	$\sigma_{SF} = 7.82$	$1.5m \leqslant h_{UT} \leqslant 22.5m$ $h_{BS} = 10m$ （见备注 4）
		可选算法 $PL = 32.4 + 20\lg(f_c) + 31.9\lg(d_{3D})$	$\sigma_{SF} = 8.2$	
InH-办公场景	LOS	$PL_{InH-LOS} = 32.4 + 17.3\lg(d_{3D}) + 20\lg(f_c)$	$\sigma_{SF} = 3$	$1m \leqslant d_{3D} \leqslant 150m$
	NLOS	$PL_{InH-NLOS} = \max\left(PL_{InH-NLOS}, PL'_{InH-NLOS}\right)$ $PL'_{InH-NLOS} = 38.3\lg(d_{3D}) + 17.30 + 24.9\lg(f_c)$	$\sigma_{SF} = 8.03$	$1m \leqslant d_{3D} \leqslant 150m$
		可选算法 $PL'_{InH-NLOS} = 32.4 + 20\lg(f_c) + 31.9\lg(d_{3D})$	$\sigma_{SF} = 8.29$	$1m \leqslant d_{3D} \leqslant 150m$

备注 1：断点距离 $d'_{BP} = 4 h'_{BS} h'_{UT} f_c/c$，$f_c$ 是单位为 Hz 的中心频率，$c = 3.0 \times 10^8 m/s$ 为自由空间的传播速率，h'_{BS} 和 h'_{UT} 分别是基站和终端的有效天线高度。h'_{BS} 和 h'_{UT} 的计算方法为：$h'_{BS} = h_{BS} - h_E$，$h'_{UT} = h_{UT} - h_E$，h_{BS} 和 h_{UT} 为实际天线高度，h_E 为有效环境高度。在 UMi 场景下，$h_E = 1.0m$。在 UMa 场景下，$h_E = 1m$ 的概率为 $1/(1 + C(d_{2D}, h_{UT}))$，除此之外，$h_E$ 从离散均匀分布的序列 $(12,15,\cdots,(h_{UT}-1.5))$ 中选取。其中：

$$C(d_{2D}, h_{UT}) = \begin{cases} 0, & h_{UT} < 13m \\ \left(\dfrac{h_{UT} - 13}{10}\right)^{1.5} g(d_{2D}), & 13m \leqslant h_{UT} \leqslant 23m \end{cases}$$

$$g(d_{2D}) = \begin{cases} 0, & d_{2D} \leqslant 18m \\ \dfrac{5}{4}\left(\dfrac{d_{2D}}{100}\right)^3 \exp\left(\dfrac{-d_{2D}}{150}\right), & 18m < d_{2D} \end{cases}$$

h_E 的取值由 d_{2D} 和 h_{UT} 决定，因此需独立确定站点和终端间的每一条链路。一个站点可以是一个单独的基站或多个共址基站。

备注 2：本表中路径损耗公式适用的频率范围为 $0.5 < f_c < f_H$，RMa 场景下 $f_H = 30GHz$，其他场景下 $f_H = 100GHz$。这里，基于 24GHz 应用上取得的进展，RMa 场景的路径损耗公式可用于 7GHz 以上。

备注 3：UMa 场景的非视距（NLOS）路径损耗由 TR 36.873 传播模型中的公式简化而来，$PL_{UMa-LOS}$ 为室外 UMa 视距（LOS）下的路径损耗。

备注 4：$PL_{UMi-LOS}$ 为室外 UMi 街道场景视距下的路径损耗。

备注 5：断点距离 $d_{BP} = 2\pi h_{BS} h_{UT} f_c/c$，$f_c$ 是单位为 Hz 的中心频率，$c = 3.0 \times 10^8 m/s$ 为自由空间的传播速率，h_{BS} 和 h_{UT} 分别是基站和终端的天线高度。

备注 6：本表中 f_c 的单位统一用 GHz 表示；除特别说明外，公式中所有距离相关参数的单位均为 m。

2. 3GPP TR 36.873 传播模型

表 2 TR 36.873 路径损耗模型

场景	LOS/NLOS	路径损耗（dB）（其中，f_c 的单位为 GHz，d 的单位为 m）	阴影衰落标准差（dB）[5]	参数默认值和适用范围
3D-UMi	LOS	$PL = 22.0 \lg(d_{3D})+28.0+20\lg(f_c)$ $PL = 40\lg(d_{3D})+28.0+20\lg(f_c)-9\lg((d'_{BP})^2+(h_{BS}-h_{UT})^2)$	$\sigma_{SF}= 3$ $\sigma_{SF}= 3$	$10m < d_{2D} < d'_{BP}$[1] $d'_{BP} < d_{2D} < 5000m$[1] $h_{BS} = 10m$[1] $1.5m \leqslant h_{UT} \leqslant 22.5m$[1]
3D-UMi	NLOS	对于正六边形小区布局： $PL = \max(PL_{3D\text{-}UMi\text{-}NLOS}, PL_{3D\text{-}UMi\text{-}LOS})$ $PL_{3D\text{-}UMi\text{-}NLOS} = 36.7\lg(d_{3D})+22.7+26\lg(f_c)-0.3(h_{UT}-1.5)$	$\sigma_{SF}= 4$	$10m < d_{2D} < 2000m$[2] $h_{BS} = 10m$ $1.5m \leqslant h_{UT} \leqslant 22.5m$
3D-UMa	LOS	$PL = 22.0 \lg(d_{3D})+28.0+20\lg(f_c)$ $PL = 40\lg(d_{3D})+28.0+20\lg(f_c)-9\lg((d'_{BP})^2+(h_{BS}-h_{UT})^2)$	$\sigma_{SF}= 4$ $\sigma_{SF}= 4$	$10m < d_{2D} < d'_{BP}$[3] $d'_{BP} < d_{2D} < 5000m$[3] $h_{BS} = 25m$[3] $1.5m \leqslant h_{UT} \leqslant 22.5m$[3]
3D-UMa	NLOS	$PL = \max(PL_{3D\text{-}UMa\text{-}NLOS}, PL_{3D\text{-}UMa\text{-}LOS})$ $PL_{3D\text{-}UMa\text{-}NLOS}=161.04 - 7.1\lg(W)+7.5\lg(h)$ $\quad - (24.37 - 3.7(h/h_{BS})^2)\lg(h_{BS})$ $\quad + (43.42 - 3.1\lg(h_{BS}))(\lg(d_{3D})-3)$ $\quad +20\lg(f_c) - (3.2(\lg(17.625))^2-4.97)$ $\quad -0.6(h_{UT}-1.5)$	$\sigma_{SF} = 6$	$10m < d_{2D} < 5000m$ h：建筑物平均高度 W：街道宽度 $h_{BS} = 25m$， $1.5m \leqslant h_{UT} \leqslant 22.5m$， $W = 20m$， $h = 20m$ 适用范围： $5m < h < 50m$ $5m < W < 50m$ $10m < h_{BS} < 150m$ $1.5m \leqslant h_{UT} \leqslant 22.5m$[4]
3D-RMa	LOS	$PL_1 = 20\lg(40\pi d_{3D}f_c/3)+\min(0.03h^{1.72},10)\lg(d_{3D})$ $\quad -\min(0.044h^{1.72},14.77)+0.002\lg(h)d_{3D}$ $PL_2 = PL_1(d_{BP})+40\lg(d_{3D}/d_{BP})$	$\sigma_{SF} = 4$ $\sigma_{SF} = 6$	$10m < d_{2D} < d_{BP}$[6] $d_{BP} < d_{2D} < 10\ 000m$ $h_{BS} = 35m$ $h_{UT} = 1.5m$ $W = 20m$ $h = 5m$ h：建筑物平均高度 W：街道宽度 适用范围： $5m < h < 50m$ $5m < W < 50m$ $10m < h_{BS} < 150m$ $1m < h_{UT} < 10m$

续表

场景	LOS/NLOS	路径损耗（dB）（其中，f_c 的单位为 GHz，d 的单位为 m）	阴影衰落标准差（dB）[5]	参数默认值和适用范围
3D-RMa	NLOS	$\begin{aligned}PL = &161.04 - 7.1\lg(W)+7.5\lg(h)\\&- (24.37 - 3.7(h/h_{BS})^2)\lg(h_{BS})\\&+ (43.42 - 3.1\lg(h_{BS}))(\lg(d_{3D})-3)\\&+ 20\lg(f_c) - (3.2(\lg(11.75h_{UT}))^2-4.97)\end{aligned}$	$\sigma_{SF} = 8$	$10\text{m} < d_{2D} < 5000\text{m}$ $h_{BS} = 35\text{m}$ $h_{UT} = 1.5\text{m}$ $W = 20\text{m}$ $h = 5\text{m}$ h：建筑物平均高度 W：街道宽度 适用范围： $5\text{m} < h < 50\text{m}$ $5\text{m} < W < 50\text{m}$ $10\text{m} < h_{BS} < 150\text{m}$ $1\text{m} < h_{UT} < 10\text{m}$
3D-InH	LOS	$PL = 16.9\lg(d_{3D})+32.8+20\lg(f_c)$	$\sigma_{SF} = 3$	$3\text{m} < d_{2D} < 150\text{m}$ $h_{BS} = 3\sim6\text{m}$ $h_{UT} = 1\sim2.5\text{m}$
3D-InH	NLOS	$PL = 43.3\lg(d_{3D})+11.5+20\lg(f_c)$	$\sigma_{SF} = 4$	$10\text{m} < d_{2D} < 150\text{m}$ $h_{BS} = 3\sim6\text{m}$ $h_{UT} = 1\sim2.5\text{m}$

备注：

1）断点距离 $d'_{BP} = 4h'_{BS} h'_{UT} f_c/c$，$f_c$ 是单位为 Hz 的中心频率，$c = 3.0\times10^8\text{m/s}$ 为自由空间的传播速率，h'_{BS} 和 h'_{UT} 分别是基站和终端的有效天线高度。在 3D-UMi 场景中，h'_{BS} 和 h'_{UT} 的计算方法为：$h'_{BS} = h_{BS}- 1.0\text{m}$，$h'_{UT} = h_{UT} - 1.0\text{m}$，其中 h_{BS} 和 h_{UT} 为实际天线高度，有效环境高度 h_E 按 1.0m 估算。

2）$PL_{3D\text{-}UMi\text{-}LOS}$ 为室外 3D-UMi 场景视距下的路径损耗。

3）断点距离 $d'_{BP} = 4h'_{BS} h'_{UT} f_c/c$，$f_c$ 是单位为 Hz 的中心频率，$c = 3.0\times10^8\text{m/s}$ 为自由空间的传播速度，h'_{BS} 和 h'_{UT} 分别是基站和终端的有效天线高度。在 3D-UMa 场景中，h'_{BS} 和 h'_{UT} 的计算方法为：$h'_{BS}= h_{BS}- h_E$，$h'_{UT} = h_{UT} - h_E$，其中 h_{BS} 和 h_{UT} 为实际天线高度，有效环境高度 h_E 是基站和终端间链路的函数。视距条件下，$h_E=1\text{m}$ 的概率为 $1/(1+C(d_{2D}, h_{UT}))$，除此之外，h_E 从离散均匀分布的序列 $(12,15,\cdots,(h_{UT}\text{-}1.5))$ 中选取。函数 $C(d_{2D}, h_{UT})$ 在 TR 36.873 表 7.2-2 中定义。h_E 的取值由 d_{2D} 和 h_{UT} 决定，因此需独立确定站点和终端间的每一条链路。一个站点可以是一个单独的基站或多个共址基站。

4）$PL_{3D\text{-}UMa\text{-}LOS}$ 为室外 3D-UMa 场景视距下的路径损耗。

5）阴影衰落采用 3GPP TR 36.814（V9.0.0）中的取值。

6）断点距离 $d_{BP} = 2\pi h_{BS} h_{UT} f_c/c$，$f_c$ 是单位为 Hz 的中心频率，$c = 3.0\times10^8\text{m/s}$ 为自由空间的传播速率，h_{BS} 和 h_{UT} 分别是基站和终端的天线高度。

第 4 章

5G 无线接入网勘察设计

5G 无线接入网组织架构、关键技术和频段使用的变化带来基站设备形态的改变，需要结合当前设备能力给出设计阶段的选型方案；并根据用频、组网要求和设备特性，基站站址、CU/DU 分布式和集中部署机房的选取、局站勘察、相关设备安装设计和配套需求都有了新的内涵；本章主要对无线接入网勘察设计工作提出 5G 网络的特征要求。

| 4.1 5G 无线接入网设备选型 |

4.1.1 主流设备形态与能力

1. CU、DU 形态

如前所知，相对于 4G 无线接入网的 BBU、RRU 两级结构，5G 无线接入网的逻辑结构分为 CU、DU 和 AAU 三个部分。其中，CU 负责与核心网连接，具有协议栈中 RRC、服务数据适配协议（Service Data Adaptation Protocol，SDAP）和 PDCP 子层的功能；DU 负责基带处理，具有协议栈中 RLC、MAC 和 PHY 子层的功能；AAU 则由负责射频处理功能的 RRU 与天线单元合设而成。

在基站主设备实现中，同 LTE 阶段一样，RRU 主要作为独立的远端单元实体，在站点天面部署。由于 5G 采用大规模 MIMO 技术，基站天线端口数达到 16、64 或更高，RRU 设备和天线间需要大量的馈线和接口连接，对于设备的设计开发和部署都造成了困难。因此，目前设备厂商均采用 RRU 与天线一体化的设备方案，远端单元形态为 AAU 设备。

CU、DU 单元的设备部署主要分为两种形式：一种是合设形式，另一种是分离形式。合设形式是在一个物理设备中实现 CU、DU 逻辑功能，同 LTE BBU 的形式类似。

分离形式是 CU、DU 分别用独立的物理设备实现：DU 设备与 LTE BBU 的形式类似，CU 设备采用通用服务器实现。根据协议，CU、DU 间有多种切分方案，适用于不同场景的需要。目前我国运营商均采用 CU/DU 合设的方案，沿用 4G 系统 BBU 的形式，便于部署；未来随着业务量的上升，以及为了满足不同切片业务的需求，CU、DU 再采用分离架构，部署在不同的层面，提升网络的性能。

CU/DU 合设设备与 LTE BBU 设备类似，主要由机框、主控传输板、基带处理板、电源、风扇等组成，如图 4-1 所示。目前主流 CU/DU 设备的配置能力是一块基带处理板支持 3 个 100MHz 带宽的小区，一台设备满配支持 5~6 块基带处理板。根据基带处理板的数量，配置 1~2 块主控传输板。

图 4-1　CU/DU 合设设备面板

主流厂商的 CU/DU 合设设备参数见表 4-1。

表 4-1　CU/DU 合设设备参数

尺寸（mm，长×宽×深）	满配重量（kg）	满配功耗（W）	满配基带处理板	满配主控传输板
<90×500×400	18	1200~1300	5~6 块	2 块

2. 基站形态

5G 网络部署是根据业务需求，采用分层组网的部署方式进行的。该方式的总体思路为：综合发挥各种覆盖方式的优势，使用宏基站 + 室内覆盖系统实现基础网络覆盖，针对覆盖弱区和盲点、业务热点、特殊保障场景等需求，增加各种形态的微基站完善室内外协同覆盖。

在室内外协同覆盖建设中，需按照精确覆盖的原则，尽量减少重叠覆盖，保障用户感知。

在分层组网结构中，分为宏基站层、微基站层和室内覆盖 3 个层次，如图 4-2 所示。

宏基站层采用大功率的基站设备，提供广域蜂窝覆盖。天线挂高通常在 20m 以上，覆盖范围 200m 以上。宏基站按天线架设方式的不同可以分为落地塔宏基站、楼顶抱杆宏基站和楼顶塔宏基站。

微基站层采用小功率的基站设备，对局部覆盖盲区、话务热点进行覆盖，实现深度覆盖，满足局部话务需求。天线挂高通常为 6~20m，覆盖范围 200m 以下。微基站按建设方式的不同主要分为依附建筑物的微基站和杆类微基站。

对于室内覆盖层，根据室内场景的特点，可选取各种基站设备作为信源，在建筑物内使用馈线、五类线或光纤，将无线信号传输至分布在建筑物内的各副天线，提供室内场景的覆盖，并满足室内话务热点的业务需求。

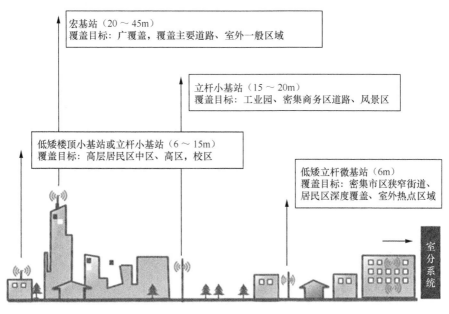

图 4-2　分层组网

3. 5G 系统室外覆盖主流设备能力

对应上述分层组网结构，各厂商的成熟产品中适用于不同场景室外覆盖基站的 RRU 类设备主要有 64TRX AAU 设备、32TRX AAU 设备、8TRX RRU 设备、融合 2G～5G 系统的全频段一体化天线和常规 RRU 设备、微型远端射频单元（Micro Remote Radio Unit，mRRU）设备等类型。

主流厂商各类室外 RRU 设备的参数见表 4-2，实物样例如图 4-3 所示。

表 4-2　室外 RRU 设备参数

设备类型	MIMO 数	发射功率（W）	最大功耗（W）	尺寸（mm，宽×高×深）	重量（kg）	供电方式	上联接口类型	光纤需求（芯）	安装方式
64TRX AAU	64	200	1250	450×900×200	40	直流，−48V	eCPRI	2	抱箍/挂墙安装
32TRX AAU	32	320	1250	400×750×180	30	直流，−48V	eCPRI	2	抱箍/挂墙安装
全频段一体化天线	32	320	1250	470×1700×270	60	直流，−48V	eCPRI	2	抱箍/挂墙安装
8TRX AAU	8	240	950	360×570×140	25	直流，−48V	CPRI	2	抱箍/挂墙安装
一体化 RRU	8	120	600	220×680×140	18	直流，−48V	CPRI	2	抱箍/挂墙安装

设备类型	MIMO 数	发射功率（W）	最大功耗（W）	尺寸（mm，宽×高×深）	重量（kg）	供电方式	上联接口类型	光纤需求（芯）	安装方式
圆筒形一体化 RRU	4	80	450	φ170×790	16.5	直流，−48V	CPRI	2	抱箍/挂墙安装
mRRU	4	4×10	200	250×350×120	9.5	交流，220V	CPRI	1	抱箍/挂墙安装

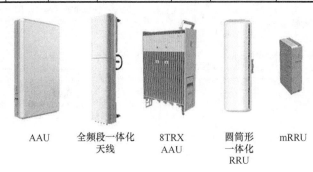

| AAU | 全频段一体化天线 | 8TRX AAU | 圆筒形一体化 RRU | mRRU |

图 4-3　各种 RRU 设备类型

4. 5G 系统室内覆盖主流设备能力

目前 5G 系统室内覆盖主设备 CU/DU 和（m）RRU 普遍与室外宏、微站通用，而有源室分系统与有源+无源室分系统的远端射频单元与近端交换机多用于室内覆盖系统，下文将分别对当前 5G 系统室内覆盖主流射频设备与系统设备的能力进行简析。

（1）5G 系统室内覆盖主流射频设备

国内主流厂商 5G 系统室内覆盖射频设备的规格详见表 4-3。

表 4-3　国内主流厂商 5G 系统室内覆盖射频设备的规格

产品名称	远端射频单元			低配基站	
频段（GHz）	1.8/2.1/2.3/2.6	2.6	3.5	2.6	3.5
MIMO	2T2R	4T4R	4T4R	4T4R/8T8R/16T16R	4T4R/8T8R
最大单通道射频输出功率（W）	0.25	0.2/0.25	0.2/0.25	5/10	10
是否支持外置天线	部分支持			是	
尺寸范围（mm，高×宽×深）	200×200×40～230×230×60			350×250×80～480×360×160	
体积（L）	1.5～2.5			7～26	
重量（kg）	1.5～2.5			7～25	
满负荷功耗（W）	55（4G+5G）	37～50	37～50	341～900	200～980
上联接口类型（CPRI/eCPRI）	CPRI				
上联线缆需求（芯，其中光缆按单芯双向计）	光电复合缆×2 或 CAT6a×1			光缆×1	

注：CAT6a，即 Augmented Category 6，超六类线。

① 5G 远端射频单元。由表 4-3 可知，当前国内主流厂商 5G 系统室内覆盖远端射频单元普遍具备 4T4R 能力；最大射频输出功率 250mW；单个远端射频单元功耗 50W 左右；连接线缆以光电复合缆为主，大部分厂家支持屏蔽双绞线直流远供电；远端射频单元主流支持内置天线模式，为分布式有源室分的发展做好了准备，但仅部分厂家支持天线外置型远端射频单元，规模建设分布式有源 + 无源室分系统将需要更多该类型产品的支持。

此外，目前支持 4G、5G 共模的设备厂家尚少，限制了 5G 系统室内覆盖共建共享的建设。而目前中国电信、中国联通频段共享、分区建设的共享模式有效缓解了 5G 共建共享的实施困境。

② 5G 低配基站。当前国内主流厂商 5G 低配基站普遍具备 4T4R 能力；最大射频输出功率 10W，且已有厂商推出了具备 8T8R 能力、最大射频输出功率 40W 的大功率设备，将推动基站 + 泄露电缆室分系统的发展。

（2）5G 系统室内覆盖主流系统设备

这里的系统设备是指室内覆盖中的非射频设备。国内主流厂商 5G 系统室内覆盖系统设备的规格详见表 4-4。

表 4-4　国内主流厂商 5G 系统室内覆盖系统设备的规格

产品名称	CU/DU 设备	近端交换机
频段（GHz）	1.8/2.1/2.3/2.6/3.5	1.8/2.1/2.3/2.6/3.5
尺寸范围（mm，高×宽×深）	86×442×310～130×500×680	450×86×360
重量（kg）	18～45	6～10
满配功耗（W）	1200～2000	850～1805
上联模块（Gbit/s）	10/25/40/100	10/25/100
是否支持双上联	支持	—
近端交换机—远端射频单元连接模块（Gbit/s）	—	8～12×10
近端交换机—远端射频单元连接线缆类型	—	光电复合缆或 CAT6a
近端交换机级联能力	—	4 级

① 5G CU/DU 设备。由表 4-4 可见，当前国内主流厂商的 5G CU/DU 设备以合设为主、分离为辅；满配功耗都在 1.2kW 以上，相较 4G BBU 有了较大提升，将对通信配套设施的供电及散热能力产生压力。

② 5G 近端交换机。当前国内主流厂商的 5G 近端交换机普遍具备 4 级级联以及 4G、5G 共模能力；在采用基于以太网的供电（Power Over Ethernet，POE）模式时，满级联功耗普遍在 1.2kW 以上，将对通信配套设施的供电及散热能力产生压力。

4.1.2　不同场景下的设备选型

1. 室外覆盖设备选型

5G 网络采用分层组网部署，不同层级根据不同的覆盖场景可以选用不同的设备，以满足技术性和经济性的最优。

宏基站层设备是大功率 AAU 设备，目前主要有 64TRX AAU 设备、32TRX AAU 设备、全频段一体化天线等几种类型。

通常情况下，密集市区、一般市区场景应采用 64TRX 设备，以保障容量需求和用户体验；郊区、农村等其他区域原则上主要采用 32TRX 设备，以满足广覆盖需求。另有厂家生产 16TRX 设备。

全频段一体化天线可以集成 2G、3G、4G 天线和 5G AAU 于一台设备，主要用于站点天面空间受限、单运营商一个扇区的所有系统只能整合成一副天线的场景。

微基站层设备主要采用灵活、美观、小型化的设备，目前主要有 8TRX RRU 设备、圆筒形一体化 RRU 设备、mRRU 设备等几种类型。

8TRX RRU 设备类似于 LTE RRU 设备，适合安装在建筑物或杆上，采用外接两副 4 端口天线或一副 8 端口天线进行建设，主要用于交通干线和道路覆盖。

圆筒形一体化 RRU 设备可以采用法兰盘安装在杆顶端，用于杆站的建设，较为美观，适用于城市市区、工业园区、风景区等区域的补盲和热点覆盖。

mRRU 设备功率较小，覆盖范围小，建设方便，小巧灵活，隐蔽性强，适用于重要商圈和人流集中区域的深度覆盖、居民小区的小区覆盖等局部补盲和吸热的场景。

2. 室内覆盖设备选型

（1）不同业务场景室内覆盖系统设备选型

对于数据业务量要求高、定位需求精确、业主配套条件好的场景，可采用分布式有源室分覆盖，主要设备涉及 CD/DU、近端交换机、天线内置型远端射频单元。

对于数据业务量要求中等、定位需求低、业主配套条件普通的场景，可采用分布式有源 + 无源室分或宏/微基站 + 泄露电缆室分覆盖，分布式有源 + 无源室分系统的主要设备涉及 CU/DU + 近端交换机 + 天线外置型远端射频单元 + 天馈线，基站 + 泄露电缆室分系统的主要设备涉及 CU/DU、（m）RRU、POI、泄露电缆。

对于数据业务量要求低、定位需求低的场景，可采用宏/微基站 + DAS 室分覆盖，主要设备涉及 CU/DU、（m）RRU，DAS 系统的近端、扩展和远端单元。

（2）5G 建设各阶段室内覆盖系统共建共享选型

① 目前仅有部分厂商推出了 4G、5G 共模的远端射频单元，尚无 2G、3G、4G 与 5G 共模的室内射频产品；含 3.5GHz 频段的全频段合路器及 POI 尚无商用，仅有支持最多两家运营商的多系统合路设备，因而限制了 5G 系统室内覆盖共建共享的方式。

② 原常用于地铁覆盖的 ϕ 13/8 英寸漏缆将不可用，当前业内已有支持 3.5GHz 频段的馈线及泄露电缆，限于波长，线缆最大线径为 5/4 英寸。

③ 5G 建设初期，室内覆盖系统将以 5G 独建或 4G/5G 有源室分合建为主，其他系统可多制式、多运营商合建。

④ 5G 建设中后期，3.5GHz 频段合路器及 POI 商用后，两种基站+分布形态的室分系统方可具备多制式、多运营商合建条件。

⑤ 5G 建设中后期，厂商推出更多制式共模或白盒化分布式有源设备后，两种分布式有源室分系统方可具备多制式、多运营商合建条件。

| 4.2　5G 无线接入网局站选址 |

5G 基站设备分为 CU、DU 和 AAU 几个物理实体，其中 AAU 部署在站点，CU、DU 根据不同的部署策略可以进行集中化部署或本地化部署。本地化部署即部署在站点。集中化部署通常可以分为小集中和大集中两种：小集中一般部署接入不超过 10 个基站的 CU、DU 设备，可以部署在综合业务接入点机房，也可以部署在基站机房；大集中一般部署接入 10 个以上基站的 CU、DU 设备，可以部署在光缆汇聚局房或综合业务接入局房。因此，5G 无线接入网建设不仅需要进行站点选址，还要进行集中机房的选择。

4.2.1　局站的位置选择

1. 基站站址选择

5G 基站的站址选择同以往基站的要求类似，主要考虑蜂窝网络结构、天线挂高、安全性等要求。由于 5G 基站站址密度非常高，建设中应优先利用已有的移动通信基站站址。在原有站址无法满足建设要求或规划位置没有已有的站址时，需要选择新站址进行建设，选址要求如下。

（1）宏基站站址的选择要求

① 应尽量选在规划站点附近，一般要求基站站址分布与要求蜂窝结构的偏差小于站间距的 1/4，在密集覆盖区域应小于站间距的 1/8。根据 5G 规划站点的站距，要求室外宏基站站址与规划站点的偏差满足表 4-5 中的要求。

表 4-5　宏基站站址偏离要求

无线场景	密集市区	普通市区	郊区
5G 推荐站距（m）	240～300	380～475	870～1080
偏离距离（m）	30～50	90～120	200～250

选址的偏差不能影响基站建设目的。

② 所选站址天线挂高宜满足表 4-6 中的要求。

表 4-6　宏基站天线挂高建议

无线场景	密集市区	市区	郊区
5G 天线挂高建议（m）	20～35	25～35	30～45

原则上，不应选择天线挂高低于 20m 或高于 60m 的建筑物作为宏基站站址。

③ 站址天线挂高应满足覆盖目标要求，天线主瓣方向 50m 范围内应无明显阻挡。

（2）微基站站址的选择要求

① 站址偏离规划站址距离要求不大于 50m，且不能影响基站建设目的。

② 所选站址天线挂高应满足覆盖目标要求，天线主瓣方向 50m 范围内应无明显阻挡。如覆盖目标距离站址不足 50m，所选站址至覆盖目标间应无阻挡。

（3）站点设置的安全性要求

① 站址不应选择在易燃、易爆的仓库，材料堆积场，在生产过程中容易发生火灾和爆炸危险的工厂、企业附近，也不应选在生产过程中散发较多粉尘或有腐蚀性排放物的工厂企业附近。

② 站址应选在地形平整、地质良好的地段。

③ 站址不应选择在易受洪水淹灌的地区。如无法避开，可选在基地高程高于要求的历史最高水位 0.5m 以上的地方。

④ 站址选择时应满足通信安全保密、人防、消防等要求。

⑤ 当基站需要设置在飞机场附近时，其天线高度应符合机场净空高度要求和航空管理要求。

⑥ 基站应选择在比较安全的环境内，应远离加油站等处。若因条件限制，加油站附近的站址选择应至少满足表 4-7 中的条件。

表 4-7　加油站油量与基站—加油站间距

加油站油量（m³）	<50	50～1000	1000～2000
基站—加油站间距（m）	>12	>15	>20

⑦ 不宜在大功率无线发射台、大功率雷达站、高压电站和有电焊设备、X 光设备或产生强脉冲干扰的热和机、高频炉的企业或医疗单位设站。

⑧ 基站不宜靠近高压线，若因条件限制，站址必须设在高压线附近，则与高压线的间距应大于一定距离。基站与高压线的间距应满足表 4-8 中的条件。

表 4-8　高压线电压与基站—高压线间距

高压线电压（kV）	35	110	220	500
基站—高压线间距（m）	>20	>30	>50	>70

如果在高压线附近建设铁塔，则铁塔离高压线的距离应大于铁塔高度。

2. 集中机房选择

集中机房的选择首先是依据集中部署原则，明确所选机房是小集中机房还是大集中机房。再根据不同的集中方式，综合考虑光缆网结构和机房配套条件，确定可作为集中机房的具体机房类型，通常小集中机房可以是 POP 点机房、基站机房等，大集中机房可以是综合接入局房、光缆汇聚局房等。最后按照具体需要集中的区域范围、基站数量和分布、光缆网结构和资源来选取具体的集中机房。在集中机房的具体选择上，主要考虑以下几个方面。

（1）集中机房到区域内各基站的光缆路由长度不应超过 AAU 到 CU/DU 的前传链路长度。主流厂商设备配置的链路损耗等效长度要求一般是 10km。

（2）机房空间、光缆、电源、空调等配套资源能满足或经过扩容改造后能满足远期需集中的所有基站 CU/DU 设备的部署需求。

（3）每个集中机房所辖区域需明确边界，选取范围时应考虑到后期优化和未来基站间协同的需要。各集中机房所辖站点应避免出现插花现象。

4.2.2 局站的机房要求

5G 系统基站的主流设备形态为分布式设备，由 CU、DU 和 AAU 三种设备组成，其中 AAU 设备在天面部署，不需要安装在机房。CU、DU 设备可以本地部署或集中部署，设备均需要安装在机房，因此在 5G 时代，无线接入网选址涉及的机房为站点机房和集中机房两种。

1. 站点机房的要求

对于 DRAN 部署策略，CU/DU 等设备需要安装在站点机房或室外机柜。对站点机房的选择要求主要是位置、安全性、承重、空间、层高等方面。

（1）室外基站机房尽量靠近楼顶天面，并不宜选择在生活、消防水箱下或贴邻位置。机房至天线的走线路由长度不大于 100m。

（2）室内覆盖基站机房不宜设在顶层、无地下室的首层或地下最低层。

（3）机房选址应符合现行行业标准 YD 5003《通信建筑工程设计规范》中的防洪规定。

（4）新建机房楼面活荷载不宜小于 $6kN/m^2$。对于租房改建和利旧机房改造，需先复核承重，以满足设备承重的需求。

（5）所选基站机房或设备安装空间净高不宜低于 2.8m。

2. 集中机房的要求

集中机房需要满足 CU、DU 设备安装的空间、电源和传输需求。通常情况下，CU、

DU 设备在 19 英寸标准机柜中集中安装,考虑到 CU、DU 功耗和散热要求,每个机柜中安装的 CU、DU 设备数量一般为 4～6 个,同时相关的上联路由器类设备也一同安装在机柜中。每个机柜的总功耗需求为 4～6kW,同时考虑 CU、DU 设备上下联的传输资源需求。

4.2.3 站点的天面要求

移动通信基站站点的天面一般要考虑天线挂高、天线覆盖方向的阻挡情况和不同系统天线间隔离度的要求。

对于 5G 系统,天线挂高宜选择 20～45m,天线覆盖方向 50m 范围内应无明显阻挡。

与以往的移动通信系统不同,5G 系统应用了大规模 MIMO 技术,在设备形态上,天线和射频模块合在一起成为 AAU 设备,无法进行 2G、3G 和 4G 系统天线的合路共用,因此必须满足 5G AAU 设备独立安装的空间和承重要求。

5G 系统基站的站址需要大量利用已有的存量站址,因此在站点选取中要充分勘察存量站址,分析评估天面利用方案,避免在建设中发现空间、承重等问题而导致无法实施。

4.2.4 电源和传输接入要求

站点和集中局房的选址还要考虑电源和传输资源的需求。与以往的移动通信系统相比,5G 系统基站的功耗较大,传输的带宽要求更高,在选址中要充分考虑这些需求,避免在建设中发现配套无法满足。通常情况下,站点新建一个 3 扇区的 5G 系统基站(不含 CU/DU 设备),所需功耗在 4kW 左右,光缆需求双纤双向时为 6 芯。

对于集中局房,根据安装的 CU/DU 数量来考虑电源和传输需求。通常一套 CU/DU 设备功耗约为 1kW,配套光缆至少需要 18 芯。

5G 时代,电源功耗和光缆资源成为网络部署的重要影响因素,如何降低 5G 系统基站的功耗和光缆需求是各家运营商亟待解决的问题。

对于功耗,目前厂商在硬件上从芯片、功放等方面提高工艺技术,降低设备的整体功耗,在软件上通过智能关断、休眠唤醒、功放动态调压、多网协同等算法来实现更智能、更高效的整网节能效果。同时,运营商在网络部署上也应该根据不同的场景,灵活选用不同的设备,配置合理的设备参数,综合考虑低能耗、高效的部署方案,取得网络性能和能耗经济性的最优平衡。

对于 CU/DU 集中方式下的前传拉远光纤,采用单纤双向可节省一半的裸光纤资源;进一步,在资源较紧张的情况下,可采用无源波分系统或无源光网络(Passive Optical Network,PON)技术来节约光纤资源,并加快建设进度。

|4.3 5G 无线接入网局站勘察|

4.3.1 5G 无线接入网勘察要素

工程勘察是进行工程设计的重要环节,无线接入网勘察侧重于站址选取,设备、天线安装位置,设备布线,配套条件等设计输入资料的获取,并形成勘察报告和草图。这里给出 5G 无线接入网勘察需注意的特征要求。

1. 5G 系统室外覆盖勘察注意事项

(1)现网站点 2G、3G、4G 设施共存,现状已然复杂,勘察前应注意搜集完整的现网共建共享信息和规划新建站站型等信息,并掌握本项目的天面整合等建设策略,以便在现场确定初步方案。

(2)5G 系统工作频段高,塔桅上架设 AAU 设备天线应尽可能选择最高的平台或位置。

(3)勘察中应初步确定 5G AAU 设备的安装位置及现有天面设施可能的移位和整合方案;AAU 设备与其他系统天线的隔离要求通常按水平隔离距离不小于 1m、垂直隔离距离不小于 0.2m 考虑。

(4)5G AAU 设备的重量、风荷和耗电量较前代网络均有大幅提升,应对天面的承重负荷、塔桅稳固能力进行专项勘察,以便制定必要的加固方案;应确认供电资源条件是否满足,应对多套系统新建时可能引发的外市电扩容需求有所预判;并应跟进各地的扶持政策,外电引入优选直供电方式。

(5)考虑电磁辐射的影响,勘察现场已有 5G 天面设备的,人员应避开 AAU 设备正前方 20m 范围内的区域。

(6)5G 时期将大量采用室外机柜,置于楼顶屋面的室外机柜安装应经屋面承重复核,应进行专项勘察。

(7)CU/DU 集中机房多台设备共机架安装时,应考虑与机房空调的气流组织方式相适应,为基站设备提供较好的散热效果。

(8)CU/DU 集中方式下共用全球导航卫星系统(Global Navigation Satellite System,GNSS)的,应提前策划方案并在勘察中确认路由、天面等资源。

(9)5G 时期公用综合杆、智慧灯杆、共电力杆塔等共享社会资源搭载基站的建设方式将逐步普及,勘察中应注意多行业的协同。

2. 5G 系统室内覆盖勘察要素

在满足通用移动通信系统室内覆盖勘察要求的基础上,5G 系统室内覆盖勘察还需要着重注意以下要点。

（1）注意核实以多系统 5G 有源室分为主的共建模式下的室内覆盖机房电源容量需求、市电引接位置与容量、机房散热能力及拟建热交换设备安装位置。

（2）注意核实建筑物内部平层电信间或弱电间的位置与拟覆盖区域边缘 5G 远端射频单元/天线间的路由与距离，对于路由长度超出 90m 的，需记录并在后续设计中酌情调整安装位置或建设方式。

（3）注意核实电信间内原有电源资源的位置、容量，结合 5G 系统室内覆盖建设方式、参建系统数量及设备配置，明确配电系统引接方式及容量。

（4）在以多系统 5G 有源室分为主的共建模式下，需注意核实满足设备功耗需求的交流配电系统引接容量、引接方式及引接位置。

（5）在以多系统 5G 有源室分为主的共建模式下，需注意核实电信间的散热能力，在散热能力不足处，应按增加热交换设备核实其安装位置及各类配套线、缆、管路由。

（6）注意核实拟安装 5G 远端射频单元的墙体、室内吊顶类型、材质及其承重能力；拟安装在活动天花板上的，应核实活动天花板龙骨的类型、材质及其承重能力。

（7）以 MIMO 方式敷设 5G 室内覆盖泄露电缆时，注意核实敷设路由上用于固定的吊顶及墙面的材质、承重能力、线缆布设空间、维护孔位置及覆盖方向的障碍物情况。

（8）注意核实室内大面积的金属、金属网、防辐射玻璃、厚度 300mm 以上的承重墙等穿透损耗大的隔断位置。

4.3.2 无人机勘察应用

在进行 5G 系统基站勘察作业时，现有基站的天面情况往往较为复杂，无源天线、RRU、AAU 等设备种类多、型号丰富。对基站塔桅、天面设备安装情况等的勘察工作需要近距离查看，其中对于塔类站点，传统方式下勘察人员需要具备登高资质，并且登高作业存在一定的人身安全风险。另外，基站勘察工作容易受环境和天气影响。综合上述各方面的影响，加之 5G 系统站点部署密度更高、规模更大，5G 时期基站勘察呈现工作量大、难度和复杂度高的特点，在当前的建设进度下也需要更高的工作效率。

正当其时，无人机技术和应用有了长足进步，使用无人机勘察具有灵活性强、安全性高、受自然环境及地形影响较小、视角更优等特点，在 4G 时期已经有应用，在 5G 无线接入网大规模勘察中将进一步推广实践。

1. 无人机勘察的要点

（1）勘察用无人机的选择

基站勘察用无人机的功能需求见表 4-9。

表 4-9　基站勘察用无人机的功能需求

无人机功能需求	基本需求	进阶需求
飞行控制	自带飞控模块、专用全功能遥控器	高精度定位模块、远程遥控功能
摄像功能	3 轴增稳云台、高品质镜头	光学变焦镜头（变焦能力 3 倍以上）
拍摄能力	照片：分辨率≥1600 万像素	分辨率≥2000 万像素
	视频：分辨率≥2K（2560×1440）	分辨率≥4K（3840×2160）
通信能力	基于 Wi-Fi 的专用传输协议	加载 4G/5G 网络通信模块
数据接口	后台读取数据能力	实时传输数据能力
二次开发接口	无	具备（SDK）
基站勘察能力	能满足现场操控、手动辅助勘察	能满足远程遥控、自动化勘察

注：SDK，即 Software Development Kit，软件开发工具包。

基站勘察属于轻度作业的行业应用，对无人机性能及功能要求较低，如果选择满足基本勘察能力的无人机，建议选择主流品牌的无人机套件，价格适中，售后服务有保障。如果考虑后期开发无人机勘察专用软件甚至无人机勘察综合平台，并逐步向自动化勘察演进，建议分别选择产品开发能力强的无人机硬件厂商和勘察软件开发厂商。无人机厂商按照基站勘察的功能需求定制开发无人机产品，并提供二次开发接口，软件厂商完成无人机勘察软件，包括移动端 App 的开发和迭代，并逐步开发无人机勘察综合平台。

（2）无人机勘察前的培训和练习

在进行无人机勘察前，应对勘察人员进行无人机操作培训和安全培训，应根据国家和地方法规获得飞行操控人员资格。熟悉无人机使用的相关安全规则，熟练掌握基本的飞行技能和相关功能的操作方法，比如起飞、降落、爬升、下降、左右平移、左右转向、避障、两个及以上操作组合（平移+转向等）、按预定轨迹飞行、定点环绕飞行、拍摄照片视频等。建议练习不少于 3h 的飞行时间后再使用无人机进行勘察。

（3）无人机勘察前的检查工作

携带无人机外出勘察前，应检查如下几项内容：所有的无人机电池、遥控器电量是否充足；无人机的螺旋桨叶是否完好无损；操控无人机的智能手机电量是否充足；无人机的内置存储或外置存储卡空间是否充足。

以上几项检查无误后，带齐无人机相关部件，包括但不限于无人机主体、电池、螺旋桨叶、无人机遥控器、车载充电器、智能手机等。

（4）无人机辅助勘察内容

无人机勘察一般包含以下内容。

一是塔桅整体侧视图，铁塔基站需拍摄天面塔桅整体侧视图，无人机爬升到基站铁塔的中部高度拍摄，如图 4-4 所示。

二是天面的俯视图，无人机爬升到天线塔桅的顶部以上，方向调整到正北，相机镜头调整到平行于地面以便俯拍，平移无人机使塔桅图像位于取景框中央位置，如图

4-5 所示。拍摄俯视图时需要包含基站周边的地形地貌情况，同时记录此时无人机的经纬度。如果勘察基站是楼顶站，则需要拍摄多张俯视图，确保楼顶天面全部拍摄到。

图 4-4　基站铁塔侧视图　　　　　　图 4-5　基站天面俯视图

　　三是每一层天线平台的局部侧视图，将无人机爬升到需要拍摄的天线平台同一水平高度，上下微调无人机高度，使天线底边处于无人机视角的中间位置，记录无人机的高度数据，然后再操控无人机环绕天线平台拍摄各个方向角的特写照片和视频，每个平台至少以 120° 方向角间隔拍摄 3 张侧视特写照片，如图 4-6 所示。拍摄过程中，当无人机正对某副天线时，记录无人机飞行的方向，可粗略测定天线方向角（无人机飞行方向−180°）。业界已有根据天面照片、通过 AI 等算法较准确地自动计算天线方向角和下倾角的研究和应用。

图 4-6　基站天面侧视图

（5）无人机勘察安全要点

　　基站勘察使用的无人机作为民用小型飞行器，在使用过程中必须严格遵循国家及各地政府颁布的相关法律法规规定，确保合法飞行、安全飞行。为了提高飞行安全性，避免飞行风险，应重点关注包括但不限于以下几方面。

　　① 所有参与或使用无人机勘察的人员，须提前学习和熟悉相关法律法规，如《民用无人机驾驶员管理规定》《民用无人机驾驶航空器经营性飞行活动管理办法》等。

　　② 提前查询和确认目标飞行区域的飞行限制要求，如果目标区域处于限飞、禁飞区，则应采用传统的勘察方式替代。在实际勘察飞行过程中，充分利用无人机控制软件的限飞功能，合理规划飞行路线，避开禁飞区域。

③ 避免在人群上方飞行。

④ 在安全高度范围内飞行，远离高层建筑物。

⑤ 避免酒后操控无人机。

⑥ 避免在非工作时间段靠近居民区飞行，产生扰民风险。

⑦ 合理控制飞行距离，合理设置无人机失控返航条件，避免因遥控信号弱或信号干扰导致无人机失联失控后无法及时返航。

⑧ 避免在恶劣天气条件下飞行，如大风、雨雪等天气。

2. 无人机勘察技术演进

（1）开发基站勘察专用软件，实现勘察内容的智能处理和自动化输出

可利用现有基站勘察专用软件或移动端 App，或重新开发勘察软件，结合勘察用无人机的数据接口或二次开发接口，增加无人机勘察相关的功能模块，主要包括以下功能。

一是自动读取无人机飞行数据，结合现场无人机操作人员的人工干预，自动输出基站经纬度、基站各个天线平台的天线挂高、各副天线的方位角等关键工程参数，在勘察程序自动导出的勘察报告中包含以上参数。

二是开发基于机器学习的智能图像识别功能，能实现无人机在飞行拍摄过程中实时识别或通过后台软件识别基站铁塔类型（如单管塔、拉线塔、角钢塔、景观塔等）、天线类型、RRU 设备类型、5G AAU 设备类型等；还能实现根据天线或 AAU 设备的图像识别结果自动测算方位角、机械下倾角等关键工程参数。通过不断积累供机器学习的素材库，不断提高识别率。

结合以上两方面功能，通过基站勘察程序，能自动输出较为完整的基站天面情况勘察报告，包含各个视角的基站室外照片及现有天线设备的主要工程参数，实现无人机辅助勘察的自动化功能。

（2） 结合 4G/5G 网络，实现无人机远程控制

根据无人机勘察需求，开发无人机综合控制平台，融合原有的勘察专用软件或移动端 App。对于加载了 4G/5G 通信模块的勘察无人机，通过移动通信网络实时传输数据，可实现无人机远程遥控飞行和操作。勘察人员可携带移动工作台，根据无人机的续航能力，规划勘察路线，实现某一区域内基站的远程遥控操作，无人机拍摄照片及高清视频实时回传至综合平台，完成勘察数据的分析处理，生成勘察报告。

随着无人机勘察技术的不断完善，期望在未来规模勘察时可达到减少人员投入、提升工作效率和准确度、降低勘察成本的目的。

3. 无人机勘察的局限性和应用延伸

首先，无人机勘察还无法完全替代经验丰富的设计人员完成全部的基站勘察工作，对于情况复杂的天面情况，需要勘察人员现场或后期根据所拍摄照片或视频进行人工判别。其次，勘察过程中还无法实现按设定路线全程自主自控飞行或完全远程遥控，

多数情况下需要勘察人员现场操控无人机。因此，现阶段无人机及后台软件主要作为 5G 无线接入网基站勘察的辅助手段，用于提高勘察的精准度、效率，并降低安全风险。

但是，随着无人机勘察技术的不断演进，以及 5G 无线接入网连续覆盖区域的逐步扩展，以后通过低时延大带宽的 5G 网络，可实现无人机远程操控，现场数据均实时回传并分析处理。为了提高勘察无人机硬件设备、软件平台的利用率，降低开发和使用成本，可从基站巡检、局部区域地形测绘辅助无线覆盖仿真两个方向培育新的增值服务。

（1）基站巡检

铁塔巡检和基站天线设备巡检的作业内容与基站勘察作业的重合度较高，因此可在已经开发的无人机勘察平台基础上扩展基站巡检的相关功能，实现基站自动化巡检等增值服务。

（2）局部区域地形测绘辅助无线覆盖仿真

具备高精度定位能力的无人机，通过专业软件可实现局部区域自动飞行测绘生成较高精度的二维和三维地理图层，将测绘成果文件导入现有的无线覆盖仿真平台，利用射线追踪模型，可实现高精度无线信号覆盖仿真。相比定期采购昂贵的高精度三维地图，此方案的成本较低，且地形图层和三维建筑物图层可随时更新。此方案除了在规划设计阶段发挥作用，也可在后期 5G 网络优化时提供支持。

| 4.4 5G 无线接入网设计 |

4.4.1 5G 无线接入网基站机房设备布置与安装设计要点

5G 无线接入网的 CU、DU 设备需要安装在室内。由于部署方式的不同，涉及的机房有基站站点机房和集中机房，不同的机房对于设备的安装设计要求不尽相同。

对于站点机房，机房空间较小，CU/DU 设备可以采用标准机柜安装或挂墙安装的方式。设备的布置安装主要考虑以下几点。

（1）根据机房大小合理布局，保持整齐美观。不同的机柜设备应成列安装，前面板应齐平。

（2）要考虑预留未来扩容设备安装的位置。

（3）设备摆放位置应有利于设备间电缆的布放，满足不同线缆分离的要求，尽量减少线缆交叉。

（4）要考虑不同设备的维护要求，预留维护空间，满足维护操作的最小距离要求。

（5）要满足设备对承重的需求，蓄电池等重设备应摆放在横梁上或靠墙安装，应做好承重复核。

（6）挂墙设备要合理选择挂墙位置，应挂在能够承重的实心墙上，做好承重复核。

（7）合理布置空调位置，避免空调出风口正对设备。不应在空调下方摆放设备。

（8）5G 本地部署的基站机房中新增的 5G 主设备主要为 CU/DU 和 IP 网接入路由器，共建共享机房应统筹多系统的设备安装，所有设备均应做好区分运营商的标识标签。

对于集中机房，CU/DU 设备需要集中安装在标准机架中，设备的布置安装主要考虑以下几点。

（1）考虑机房整体布局，合理选择机柜类型和安装位置，保持机房的整洁美观。

（2）机柜前后应预留足够的操作维护空间。

（3）合理布局机柜内设备，考虑到设备间线缆连接的方便，以及散热和维护要求，通常一个机架内安装 4 套 CU/DU 设备和 1～2 套接入路由器。

（4）对于大规模集中 CU/DU 设备的机房，由于设备功耗大，发热量大，要整体考虑所有机柜的风道布局，确保机房的室温符合要求；也可考虑采用模块化机柜方式。

4.4.2　室外天面设计

1. 宏基站的天面设计

宏基站的主流设备为 AAU 设备，无独立的天馈线，因此 5G 天线的安装设计主要是确定 AAU 设备的安装位置、安装高度以及方向角、下倾角等参数。这些参数都应该满足规划和覆盖目标的要求，并且在现场勘察时注意天线周边环境，避免天线前方有障碍物阻挡，设计时加以考虑。AAU 设备安装时应考虑设备要求的操作维护空间，便于后期维护和优化工作，通常底部应预留不小于 500mm、顶部和左右两侧不小于 300mm 的空间。

由于功耗较大，AAU 设备安装时还应考虑散热要求，避免安装在热源附近或不通风的封闭空间内。

对于部分景观化要求较高的区域，基站建设需要考虑景观化的要求，采用美化罩、景观塔等形式，这时需要考虑景观化配套设施对信号损耗和设备散热的影响，确定景观化配套设施设计方案。

5G 宏基站在与其他系统共站建设时，需要考虑与其他系统天线的隔离度，满足空间隔离距离的要求：通常按水平隔离距离不小于 1m、垂直隔离距离不小于 0.2m 设计。

在利用存量站址进行建设时，站点天面有可能没有位置来新建 5G AAU，由于无法与其他系统的天馈线共用，这时就要考虑将原有系统的天线合并后腾出空间来给 5G 使用。

通常情况下，原有系统天线合并的原则如下。

（1）优先合并频率相近的系统，因为相近频段天线的覆盖范围相差不大，合并后网优工作量相对较小。

（2）具有不同天线安装平台的站点，优先将原有系统天线合并到高平台，空出低平台供 5G 使用。

（3）尽量避免使用合路器、电桥等附加器件合并原有天馈系统，减少损耗。优先选择多频和宽频天线进行天线合并。

天面设计中，还应考虑供电和传输需求，选择合适的位置安装配电设备和光缆配线箱，规划合理的线缆走线路由。同时要考虑天面所有设备的防雷接地方案，做好防雷接地设计。

2. 微基站的天面设计

微基站主要用于商业区、居民区的深度覆盖，天面设计主要考虑小型化、景观化、隐蔽性的需求，采用便于建设安装、与周边环境融合的方案，可以利用建筑物外墙、路灯杆、监控杆、电力杆、道路指示牌、广告牌等各种社会资源进行共享共建，设计中应考虑供电、传输和防雷接地要求。

4.4.3 OMC-R 配置与设备安装设计

OMC-R 的设计是根据无线网络规划结果，计算网管的能力需求，一般按照近、中期的需求进行设计。

根据能力需求，确定设备种类和规模。通常 OMC-R 系统包含网管机架、系统服务器、主磁盘阵列、备份磁盘阵列、接入交换机等设备。一般情况下，OMC-R 系统在相应厂商的核心网机房进行建设，通过汇聚交换机汇聚网管数据。

OMC-R 系统设备安装在局房内，其安装设计应符合数据机房设备的布局要求。

（1）主机、存储设备、服务器机柜宜分区布置，主机、存储设备、服务器机柜及不间断电源、空调机等设备应按产品要求留出检修空间，允许相邻设备的维修间距部分重叠。

（2）设备之间的走道净宽不应小于 1.2m。

（3）每排机柜之间的距离宜符合地板模数，以避免机柜前后出现小于 300mm 的补边地板。

（4）安装发热量较大的服务器时，邻排机柜之间的净距离不应小于 2.1m，以免影响设备的散热。

（5）前后向通风的服务器机柜宜采用面对面、背靠背的布置方式。在机柜正面布置地板送风口，使气流形成冷热通道，以减少前排机柜排出的热气流对后排机柜的影响，充分发挥空调系统的效能。

4.4.4 基站承载需求

按照 5G 无线接入网的结构，CU 负责与核心网连接，具有协议栈中 RRC、SDAP 和 PDCP 子层的功能；DU 负责基带处理，具有协议栈中 RLC、MAC 和 PHY 子层的功能；AAU 负责射频处理功能。5G 无线接入网架构如图 4-7 所示。

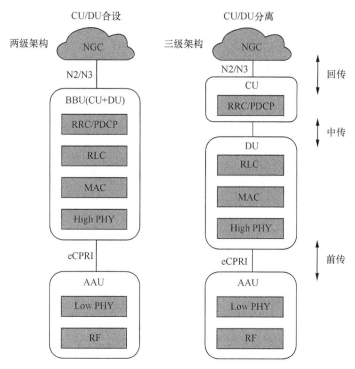

图 4-7 5G 无线接入网架构

对应网络承载分为前传、中传和回传。AAU 至 DU 为前传,DU 至 CU 为中传,CU 至核心网为回传。网络承载需求以单基站的传输承载带宽需求为基础,基站承载带宽一般通过峰值和均值测算。根据 IMT-2020(5G)推进组的《5G 承载需求白皮书》,5G 基站的峰值和均值的参考值见表 4-10,其中低频以 3.5GHz 为例。

表 4-10 5G 基站传输带宽

参数	5G 低频	5G 高频
频谱资源	3.4~3.5GHz 频段,100MHz 带宽	28GHz 以上频谱,800MHz 带宽
基站配置	3 Cells,64T64R	3 Cells,4T4R
频谱效率	峰值 40bit/Hz,均值 7.8bit/Hz	峰值 15bit/Hz,均值 2.6bit/Hz
其他考虑	10%封装开销,5% Xn 流量,1:3 TDD 上下行配比	10%封装开销,1:3 TDD 上下行配比
单小区峰值带宽	100MHz×40bit/Hz×1.1×0.75=3.3Gbit/s	800MHz×15bit/Hz×1.1×0.75=9.9Gbit/s
单小区均值带宽	100MHz×7.8bit/Hz×1.1×0.75×1.05=0.675Gbit/s(Xn 流量主要发生在均值场景)	800MHz×2.6bit/Hz×1.1×0.75=1.716Gbit/s(高频站主要用于补盲、补热,Xn 流量已计入低频站)
单站峰值带宽	3.3+(3−1)×0.675=4.65Gbit/s	9.9+(3−1)×1.716=13.33Gbit/s
单站均值带宽	0.675×3=2.03Gbit/s	1.716×3=5.15Gbit/s

注:单小区峰值带宽=频宽×频谱效率峰值×(1+封装开销)×TDD 下行占比;
单小区均值带宽=频宽×频谱效率均值×(1+封装开销)×TDD 下行占比×(1+Xn);
单站峰值带宽=单小区峰值带宽×1+单小区均值带宽×(N−1),N 为小区数;
单站均值带宽=单小区均值带宽×N。

1. 前传带宽需求

前传带宽需求与 CU/DU 物理层功能分割位置、基站参数配置（天线端口、层数、调制阶数等）、部署方式等密切相关。按照 3GPP 和 CPRI 组织等的划分方案，CU 和 DU 在低层物理层的分割存在多种方式，典型的包括射频模拟到数字转换后分割（Option8）、低层物理层到高层物理层分割（Option7）、高层物理层到 MAC 分割（Option6）等，如图 4-8 所示。

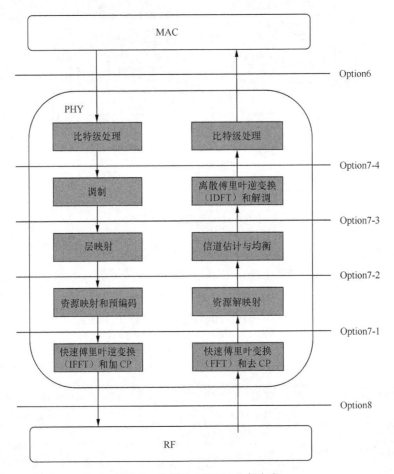

图 4-8 典型的 CU/DU 分割方案

参考 3GPP TR 38.801 和 3GPP TR 38.816 传播模型，不同分割方式的前传带宽估算结果见表 4-11。

表 4-11 前传带宽需求

CU/DU 分割方式	Option8（CPRI）	Option7-1	Option7-2	Option6
下行前传带宽（Gbit/s）	157.3	113.6	29.3	4.546

前传部分可采用光纤直连、波分、PON 等方案，5G 时期前传接口从 CPRI 演进至 eCPRI。每 AAU 上联光纤需求双纤双向下为 2～4 芯，理论上的物理路由长度要求不大于 10km，实际工程中（如光纤直连模式下）可行的前传光纤长度与两端设备中光模块的配置性能有关。

2. 中传和回传带宽需求

中传和回传带宽需求主要与运营商的 CU、DU 部署策略和传输网结构有关。传输网主要有树形和环形两种结构。对于树形回传，末端节点下联 N 个基站，则该节点的业务量按照 "1×基站峰值带宽+（N–1）×基站均值带宽" 测算；对于接入环回传，若环上接入 N 个基站，则业务量按照 "1×基站峰值带宽+（N–1）×基站均值带宽" 测算。

DRAN 部署策略下，回传网络接入环带宽需求为 25～50Gbit/s，汇聚层带宽需求为 N×100/200/400Gbit/s。

CRAN 部署策略下，中传、回传网络接入环带宽需求为 50Gbit/s 以上，汇聚层带宽需求为 N×100/200/400Gbit/s。

3. 无源波分系统在前传承载中的应用

根据上述前传承载需求，采用 CRAN 部署策略时，前传需要占用较多的主干光纤资源。在 5G 网络大规模部署的情况下，光缆资源成了阻碍网络建设的主要问题之一。

目前运营商考虑采用无源波分设备来节约光缆投资和加快建设进度。无源波分设备采用无源密集波分复用（Dense Wavelength Division Multiplexing，DWDM）技术，将前传链路采用不同的波长合路到一根光纤中传输，如图 4-9 所示。相对于有源波分系统，无源波分系统没有光纤放大器、色散补偿器等设备，是一种即插即用的系统，结构简单、使用方便、成本更低、后期维护也更加方便。但波长信道数量有限，如要扩展网络，必须使用更多的无源波分设备。

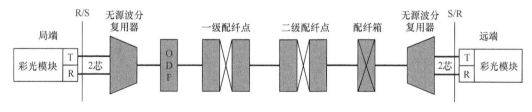

图 4-9　无源波分组网

无源波分系统应采用 ITU-T G.694.2 所规定的粗波分 18 个中心波长。目前典型的无源波分系统采用 12 波无源波分复用器，12 波均适用 10Gbit/s 带宽的传输，支持 CPRI；其中 6 个波还适用 25Gbit/s 带宽的传输，支持 eCPRI（见表 4-12）。

表 4-12　无源波分系统的波长选择

序号	标称中心波长（nm）	波长选择	
		10Gbit/s	25Gbit/s
1	1271	√	√
2	1291	√	√
3	1311	√	√
4	1331	√	√
5	1351	√	√
6	1371	√	√
7	1391		
8	1411		
9	1431		
10	1451		
11	1471	√	
12	1491	√	
13	1511	√	
14	1531	√	
15	1551	√	
16	1571	√	
17	1591		
18	1611		

4.4.5　基站电源配套需求

根据主流厂商 5G 设备的参数，宏基站 AAU、RRU 设备主要采用–48V 直流供电方式，小基站的 mRRU 设备主要采用 220V 交流供电方式。与 4G 系统相比，基站设备的供电方式基本一致，但设备功耗提升了一倍以上。

1. 市电引入

基站应优先考虑采用市电作为主用电源，宜就近引入三类及三类以上市电，引入的外市电应具有一定的可扩容能力。对于无市电引入条件的海岛等场景，站点主用电源可采用风力、太阳能电源等供电。原则上，设置机房的站点外市电引入电压应选用380V；室外机柜型站点外市电宜引入 380V，基站负荷小于 10kW 时外市电可引入220V；杆站外市电宜引入 220V。市电可以从供电局直接申请或从站址的业主申请的市电中分出一路供基站使用。直接申请市电供电的站点，电源计量装置宜设置在基站侧；由业主供电的站点，电源计量装置宜协同业主意见设置在基站或低压配电侧。自5G 建设以来，多地政府已出台基站建设转供电转直供电政策，并给予统一的扶持性资費，新建基站主要按直供电方式。

基站市电容量配置应按远期负荷考虑，综合考虑通信设备容量、电池充电需求、机房空调容量、机房照明容量和其他容量需求。根据目前主流 5G 设备的功耗，站点每新增一套 5G 宏基站系统，需要增加基站设备容量 4kW、传输接入设备容量 0.7kW。

2. 供电系统

基站的 AAU 设备可以采用天面供电系统供电或机房供电系统远供的方式。

采用直流供电方式时，需要在天面安装室外直流供电系统为其供电，供电系统包括交流配电模块、整流模块、直流配电模块、蓄电池、监控模块等，集成在室外电源箱或室外综合机柜中，挂墙安装或落地安装在天面，就近为设备供电。若基站有机房，也可利用机房直流供电设备进行远供，通常情况下，电缆路由长度不大于 200m 时，可采用–48V 直流远供；电缆路由长度大于 200m 时，应采用 220V 交流远供。交流远供应配置逆变器或 UPS，高压直流远供应配置升降压设备。

采用交流供电方式时，一般采用天面室外交流供电系统为其供电，配置 UPS 进行备电。

为了满足整网的安全要求，一般根据基站总数量选取一定比例配置共用的移动或便携式发电机组作为备用电源，用电容量小于 10kW 的基站宜选用便携式汽油发电机组。移动发电机组应设置在室外通风场所。

4.4.6 基础配套设施需求

传统的基站基础配套设施包括基站机房和塔桅，这些设施的建设可以满足基站设备安装和天线架设的需求，是移动通信网络部署的基础，关系网络部署的质量和成本。

DRAN 部署情况下，CU/DU 设备需要安装在基站机房或室外机柜中。每台 CU/DU 设备高 2U 左右，可以安装在标准机柜中或挂墙安装。建设机房时，要考虑防水、防火、加固、开孔、照明、电源插座布局、空调安装、走线架建设等方面的工艺设计要求，应符合通信行业标准 YD/T 5230《移动通信基站工程技术规范》的有关规定。

CRAN 部署情况下，CU/DU 设备集中安装，基站站点上不需要建设机房，需根据CU/DU 的集中度选择合适的局址统一安装于特定机位区域，视具体情况采取可能的走线架增设、新建电源头柜、电源开关模块扩容等措施，并做好局内上下联传输沟通、卫星定位系统合路部署等工程。

AAU 和相关配套设备在站点天面安装，采用塔上/楼顶抱杆或挂墙安装方式。通常情况下，AAU 安装结构的承重应满足 40kg 以上，迎风面积在 $0.3m^2$ 以上。对于全频段一体化天线设备，安装结构的承重需满足 60kg 以上，迎风面积达到 $0.8m^2$ 以上。可以看出，5G 系统基站设备对安装结构的要求较高，增加了站址基础设施的选取和建设难度。

在 4G 时代，国家已经认识到基础设施的重要性，出台了电信基础设施共建共享的策略，组建了中国铁塔公司。近年来，共建共享模式已经从通信机房和塔桅共享扩展到电力引入、末端传输、社会资源等更广的层面，从通信行业内共享扩展到更广范围和更深程度的社会共享。政府也推动通信行业与公安、市政、电力、交通等社会各方进行广泛合作，将移动通信网络配套设施同监控杆、路灯杆、电力杆、道路指示牌、广告牌等社会资源充分整合，并开发了综合智能杆，统筹利用社会资源，以满足移动通信网络快速和高质量部署的要求。

　　因此，5G 系统基站配套建设也应广泛地与各方资源共建共享，对于规划站点位置已有通信、电力、路政等塔桅设施的，应优先考虑共享已有设施资源。如塔桅不满足需求、需要改造的，应与塔桅设施所属方协商改造，在不影响原有塔桅设施功能的前提下用于 5G 建设。若规划站点与其他行业的塔桅规划位置需求一致，应优先考虑采用多杆合一或综合智能杆的方式来建设。对天面设置于楼顶的站点，除优化多系统综合部署和环境协调外，应积极响应、推动公共建筑的全面开放以及将通信配套纳入新建建筑的方案审批环节。

缩略语

缩写	英文全称	中文全称
3GPP	The 3rd Generation Partnership Project	第三代合作伙伴计划
5GC	5G Core	5G 核心网
AAA	Authentication, Authorization and Accounting	认证、授权、计费
AAU	Active Antenna Unit	有源天线单元
ADAS	Advanced Driver Assistance System	高级驾驶辅助系统
AMPS	Advanced Mobile Phone System	高级移动电话系统
AWGN	Additive White Gaussian Noise	加性高斯白噪声
BBU	Baseband Unit	基带单元
BLER	Block Error Ratio	误块率
BHSA	Busy Hour Session Attempts	忙时会话尝试次数
BPSK	Binary Phase-Shift Keying	二进制相移键控
BSC	Base Station Controller	基站控制器
CA	Carrier Aggregation	载波聚合
CAT6a	Augmented Category 6	超六类线
CBRS	Citizens Broadband Radio Service	公众宽带无线电业务
CDMA	Code Division Multiple Access	码分多址
CE	Customer Edge	用户边缘路由器
CEPT	Confederation of European Posts and Telecommunications	欧洲邮电管理委员会
DFTS-OFDMA	Discrete Fourier Transform Spread OFDMA	离散傅里叶变换扩展的正交频分多址
CO	Central Office	中心机房
CoMP	Coordinated Multiple Points	协作多点传输
CP	Cyclic Prefix	循环前缀
CPRI	Common Public Radio Interface	通用公共无线电接口
CQI	Channel Quality Indicator	信道质量指示
CQT	Call Quality Test	拨打质量测试
C-RAN	Centralized, Cooperative, Cloud and Clean RAN	集中处理、协作、云化和绿色的无线接入网

续表

缩写	英文全称	中文全称
CSI	Channel State Information	信道状态信息
CU	Centralized Unit	集中式单元
CUBE-RAN	Cloud-oriented Ubiquitous Brilliant Edge-RAN	云化泛在极智边缘无线接入网
CW	Continuous Wave	连续波
D2D	Device to Device	终端直通
DAC	Digital-to-Analog Conversion	数/模转换
DAS	Distributed Antenna System	分布式天线系统
DIS	Digital Indoor System	数字化室内系统
DL	Downlink	下行链路
D-MIMO	Distributed-MIMO	分布式多输入多输出
DMRS	Demodulation Reference Signal	解调参考信号
DPI	Deep Packet Inspection	深度包监测
D-RAN	Distributed RAN	分布式无线接入网
DSRC	Dedicated Short Range Communication	（车载）专用短程无线通信
DT	Drive Test	路测
DU	Distributed Unit	分布式单元
DWDM	Dense Wavelength Division Multiplexing	密集波分复用
EBB	Eigenvalue Based Beamforming	特征向量赋形
eCPRI	enhanced CPRI	增强型 CPRI
EDGE	Enhanced Data rate for GSM Evolution	GSM 演进增强数据速率
eLTE	evolved LTE	演进型 LTE
eMBB	enhanced Mobile Broadband	增强型移动宽带
EMS	Element Management System	网元管理系统
eNB	evolved Node B	演进型 Node B
EPC	Evolved Packet Core	演进的分组核心网
EPLMN	Equivalent PLMN	等效 PLMN
ETSI	European Telecommunications Standards Institute	欧洲电信标准组织
FBMC	Filter Bank Multi Carrier	滤波器组多载波
FB-OFDM	Filter Bank-Orthogonal Frequency Division Multiplexing	基于滤波器组的正交频分复用
FD	Full-Duplex	全双工
FDD	Frequency-Division Duplex	频分双工
FDMA	Frequecy-Division Multiple Access	频分多址
FER	Frame Error Ratio	误帧率

缩写	英文全称	中文全称
FFT	Fast Fourier Transform	快速傅里叶变换
FM	Frequency Modulation	频率调制
F-OFDM	Filtered-Orthogonal Frequency Division Multiplexing	基于滤波的正交频分复用
FPLMTS	Future Public Land Mobile Telecommunications System	未来公众陆地移动通信系统
FR	Frequency Range	频率范围
GFDM	Generalized Frequency Division Multiplexing	广义频分复用
GMSK	Gaussian Minimum Frequency-Shift Keying	高斯最小频移键控
gNB	next generation Node B	下一代 Node B
GNSS	Global Navigation Satellite System	全球导航卫星系统
GOB	Grid of Beam	波束扫描
GP	Guard Period	保护间隔
GPRS	General Packet Radio Service	通用分组无线业务
GSM	Global System for Mobile Communications	全球移动通信系统
GTI	Global TD-LTE Initiative	TD-LTE 全球发展倡议
HD	Half-Duplex	半双工
HFR	High Frame Rate	高帧率
HARQ	Hybrid Automatic Repeat reQuest	混合自动重传请求
HSDPA	High Speed Downlink Packet Access	高速下行分组接入
HSUPA	High Speed Uplink Packet Access	高速上行分组接入
ICI	Inter Channel Interference	信道间干扰
IDFT	Inverse Discrete Fourier Transform	离散傅里叶逆变换
IFFT	Inverse Fast Fourier Transform	快速傅里叶逆变换
IMS	IP Multimedia Subsystem	IP 多媒体子系统
IMT	Inernational Mobile Telecommunications	国际移动通信
IBFD	In-Band Full-Duplex Relay	带内全双工中继
IoT	Internet of Things	物联网
IQ	In-Phase Quadrature	同相正交
ISI	Inter Symbol Interference	符号间干扰
ITU	International Telecommunications Union	国际电信联盟
KPI	Key Performance Indicators	关键性能指标
KQI	Key Quality Indicators	关键质量指标
LAA	Licensed-Assisted Access	授权频谱辅助接入

续表

缩写	英文全称	中文全称
LBT	Listen Before Talk	先听后说
LDPC	Low Density Parity Check	低密度奇偶校验
LOS	Line of Sight	视距
LSA	Licensed Shared Access	授权共享接入
LTE	Long Term Evolution	长期演进
LTE FDD	Frequency Division Duplexing-Long Term Evolution	频分长期演进
LTE-U	LTE in Unlicensed Spectrum	非授权频谱上的 LTE
LWA	LTE Wi-Fi Link Aggregation	LTE 和 Wi-Fi 链路聚合
MAC	Medium Access Control	媒体访问控制
MAPL	Maximum Allowable Pathloss	最大容许路径损耗
MBMS	Multimedia Broadcast Multicast Service	多媒体广播和组播业务
MCS	Modulation and Coding Scheme	调制与编码策略
MEC	Mobile Edge Computing	移动边缘计算
MECC	Mobile Edge Content and Computing	移动边缘内容与计算
MF AP	Multefire Access Ponit	Multefire 接入点
M-GW	Multefire Serving GateWay	Multefire 服务网关
MIMO	Multiple-Input Multiple-Output	多输入多输出
MISO	Multiple-Input Single-Output	多输入单输出
MME	Mobility Management Entity	移动性管理实体
mMIMO	Massive MIMO	大规模阵列天线
M-MME	Multefire Mobility Management Entity	Multefire 移动性管理实体
mMTC	Massive Machine-Type Communication	海量机器类通信
MOU	Memorandum of Understanding	谅解备忘录
MR	Measurement Report	测量报告
MRRU	Multi-mode Multi-carrier Remote Radio Unit	多模多载波远端射频单元
mRRU	Micro Remote Radio Unit	微型远端射频单元
MTC	Machine-Type Communication	机器类通信
MU-MIMO	Multiple User MIMO	多用户 MIMO
MUSA	Multi-User Shared Access	多用户共享接入
NB-IoT	Narrow Band Internet of Things	窄带物联网
NFV	Network Function Virtualization	网络功能虚拟化
NFVI	NFV Infrastructure	网络功能虚拟化基础设施
NLOS	Non Line of Sight	非视距

续表

缩写	英文全称	中文全称
NMS	Network Management System	网络管理系统
NMT	Nordic Mobile Telephone	北欧移动电话
NNMC	National Network Management Centre	全国网络管理中心
NOMA	Non-Orthogonal Multiple Access	非正交多址接入
NR	New Radio	新空口
NSA	Non-Standalone	非独立组网
O2I	Outdoor-to-Indoor	室外到室内
OFDM	Orthogonal Frequency Division Multiplexing	正交频分复用
OFDMA	Orthogonal Frequency Division Multiple Access	正交频分多址
OMC-R	Operation and Maintenance Center-Radio	无线接入网操作维护中心
OQAM	Offset Quadrature Amplitude Modulation	偏移正交幅度调制
O-RAN	Open Radio Access Network	开放无线接入网
P2P	Peer-to-Peer	对等网络
PCI	Physical Cell ID	物理小区识别码
PCM	Pulse-Code Modulation	脉冲编码调制
PCRF	Policy and Charging Rules Function	策略和计费规则功能
PDCCH	Physical Downlink Control Channel	物理下行控制信道
PDCP	Packet Data Convergence Protocol	分组数据汇聚协议
PDMA	Pattern Division Multiple Access	图样分割多址接入
PDSCH	Physical Downlink Shared Channel	物理下行共享信道
P-GW	PDN GateWay, Packet Data Network GateWay	分组数据网网关
PHY	Physical Layer	物理层
PLMN	Public Land Mobile Network	公共陆地移动网
PNF	Physical Network Function	物理网络功能
POE	Power Over Ethernet	基于以太网的供电
PON	Passive Optical Network	无源光网络
PPN	Poly Phase Network	多相网络
PRB	Physical Resource Block	物理资源块
PRACH	Physical Random Access Channel	物理随机接入信道
PTRS	Phase-Tracking Reference Signal	相位跟踪参考信号
PUCCH	Physical Uplink Control Channel	物理上行控制信道
PUSCH	Physical Uplink Shared Channel	物理上行共享信道
QAM	Quadrature Amplitude Modulation	正交振幅调制

续表

缩写	英文全称	中文全称
QoS	Quality of Service	服务质量
QPSK	Quaternary Phase-Shift Keying	四相移相键控
RAN	Radio Access Network	无线接入网
RB	Resource Block	资源块
RE	Resource Element	资源单元
RF	Radio Frequency	射频
RIC	Radio Intelligent Controller	无线智能控制器
RIT	Radio Interface Technology	空口技术
RLC	Radio Link Control	无线链路控制
RMa	Rural Macro	室外农村宏基站
RNC	Radio Network Controller	无线网络控制器
RRC	Radio Resource Control	无线资源控制
RRU	Remote Radio Unit	射频单元
RS EPRE	Reference Signal Energy per Resource Element	参考信号每资源单元功率
RSRP	Reference Signal Received Power	参考信号接收功率
RSI	Root Sequence Index	根序列索引
RSSI	Receiver Signal Strength Indicator	接收信号强度指示
RU	Radio Unit	射频单元
SA	Standalone	独立组网
SAE	System Architecture Evolution	系统架构演进
SCMA	Sparse Code Multiple Access	稀疏码多址接入
SDAP	Service Data Adaptation Protocol	服务数据适配协议
SDK	Software Development Kit	软件开发工具包
SDN	Software Defined Network	软件定义网络
SD-RAN	Software Defined Radio Access Network	软件定义无线接入网
S-GW	Serving GateWay	服务网关
SIMO	Single-Input Multiple-Output	单输入多输出
SINR	Signal Interference Noise Ratio	信号干扰噪声比
SISO	Single-Input Single-Output	单输入单输出
SISO	Soft Input Soft Output	软输入软输出
SMa	Suburban Macro	室外郊区宏基站
SON	Self Organization Network	自组网
S-RAN	Smart RAN	智能无线接入网

缩写	英文全称	中文全称
SRIT	Set of component RITs	空口技术套件
SRS	Sounding Reference Signal	探测参考信号
SSB	Synchronization Signal and PBCH Block	同步信号和物理广播信道块
SS RSRP	Synchronization Signal RSRP	同步信号 RSRP
TACS	Total Access Communication System	全接入通信系统
TD-LTE	Time Division-Long Term Evolution	时分长期演进
TDMA	Time Division Multiple Access	时分多址
TD-SCDMA	Time-Division Synchronous CDMA	时分同步码分多址
TIP	Telecom Infra Project	电信基础设施项目
TM	Transfer Mode	传输模式
TMN	Telecommunication Management Network	电信管理网
TR	Technical Report	技术报告
TRX	Transceiver	收发信机
TSG	Technical Specification Groups	技术标准组
TVWS	Television White Space	电视白频谱
UDN	Ultra-Dense Network	超密集组网
UE	User Equipment	用户设备
UFMC	Universal Filtered Multi-Carrier	通用滤波多载波
UF-OFDM	Universal Filter OFDM	通用滤波 OFDM
UHF	Ultrahigh Frequency	特高频
UL	Uplink	上行链路
UMa	Urban Macro	室外市区宏基站
UMi	Urban Micro	室外市区微基站
UMTS	Universal Mobile Telecommunications Service	通用移动通信业务
UPF	User Plane Function	用户面功能
UPS	Uninterruptible Power Supply	不间断电源
URLLC	Ultra-Reliable & Low-Latency Communication	超高可靠低时延通信
Uu	Universal User to Network interface	通用空中接口
V2V	Vehicle-to-Vehicle	车对车
V2X	Vehicle to Everything	车联网技术
vBBU	virtual BBU	虚拟 BBU
VoLTE	Voice over LTE	LTE 承载的语音
VoNR	Voice over NR	NR 承载的语音

续表

缩写	英文全称	中文全称
vRAN	virtual RAN	虚拟无线接入网
VMs	Virtual Machines	虚拟机
VNF	Virtual Network Function	虚拟网络功能
WCDMA	Wideband Code Division Multiple Access	宽带码分多址
Wi-Fi	Wireless Fidelity	无线保真
WRC	World Radiocommunications Conference	世界无线电通信大会

参考文献

［1］刘晓峰，孙韶辉，等. 5G 无线系统设计与国际标准[M]. 北京：人民邮电出版社，2019.

［2］陈山枝，孙韶辉，苏昕，等. 大规模天线波束赋形技术原理与设计[M]. 北京：人民邮电出版社，2019.

［3］苏昕，曾捷，等. 5G 大规模天线技术[M]. 北京：人民邮电出版社，2017.

［4］杨旸，时光，王浩文，等. 5G 仿真与评估方法[M]. 北京：电子工业出版社，2017.

［5］朱晨鸣，王强，李新，等. 5G：2020 后的移动通信[M]. 北京：人民邮电出版社，2016.

［6］刘光毅，方敏，关皓，等. 5G 移动通信系统：从演进到革命[M]. 北京：人民邮电出版社，2016.

［7］（美）William C.Y.Lee, David J.Y.Lee. 综合无线传播模型[M]. 刘青格，译. 北京：电子工业出版社，2015.

［8］（芬）Harri Holma Antti Toskala. WCDMA 技术与系统设计（第 3 版）[M]. 陈泽强，等译. 北京：机械工业出版社，2005.

［9］3GPP TS 38.101-1 User Equipment (UE) radio transmission and reception; Part 1: Range 1 Standalone[S]. 2019, 12.

［10］3GPP TR 36.873 V12.7.0. Study on 3D channel model for LTE[S]. 2018, 1.

［11］3GPP TS 38.214 V15.0.0. Physical layer procedures for data[S]. 2017, 12.

［12］IMT-2020（5G）推进组. 5G 网络技术架构白皮书[R]. 2015, 5.

［13］IMT-2020（5G）推进组. 5G 无线技术构架白皮书[R]. 2015, 5.

［14］IMT-2020（5G）推进组. 5G 承载需求白皮书[R]. 2015, 5.

［15］冯佳. 多运营商共享 5G 网络技术方案及其难点分析[J]. 通信电源技术，2020, 37 (4).

［16］李进良. 对中国 2020 年 5G 建网困境的分析与建议[J]. 移动通信，2020 (2).

［17］王学灵. 5G 网络架构与无线接入网虚拟化研究[J]. 邮电设计技术，2019 (7).

［18］黄俊，田森，张诗壮. 5G-NR 基站软节能技术[J]. 中兴通讯技术，2019, 25 (6).

［19］刘毅，张阳，郭宝. 5G 双连接技术应用分析[J]. 邮电设计技术，2019 (11).

［20］冯征. 面向应用的 5G 核心网组网关键技术研究[J]. 移动通信，2019, 43 (6).

［21］齐航，刘玮，任冶冰，等. sub-6GHz 频段无线传播特性研究[J]. 移动通信，2019 (2).

［22］孙广新. TD-LTE 及 FDD-LTE 融合网络部署探讨[J]. 信息通信，2019 (2).

［23］陈杨，杨芙蓉，余扬尧. 5G 覆盖能力研究[J]. 通信技术，2018，51 (12).

［24］刘德全，陈安华. 4G 和 5G 融合网络部署架构研究[J]. 电信工程技术与标准化，2018，31 (5).

［25］徐操喜，杨晓英. D2D 通信技术及应用场景分析[J]. 无线互联科技，2018 (11).

［26］Guntis Ancans, Vjaceslavs Bobrovs, Arnis Ancans, et al. Spectrum Considerations for 5G Mobile Communication Systems[J]. Procedia Computer Science, 2017 (1).

［27］周钰哲. 动态频谱共享简述[J]. 移动通信，2017，41 (3).

［28］董帝烺. LTE 和 GSM 网络动态频谱的研究和应用[J]. 移动通信，2017，41 (21).

［29］刘金玲，陆海翔. 面向 5G 的新型多载波技术分析[J]. 电信技术，2017 (8).

［30］刘珍. D2D 技术在 5G 通信中的应用[J]. 通讯世界，2017 (13).

［31］陈波，史培明. 5G 全频谱使用策略综述[J]. 移动通信，2017 (8).

［32］肖清华. 关于频谱重耕实施方案的研究[J]. 移动通信，2016，40 (3).

［33］程晓轩，王强，等. 基于容量目标的 TD-LTE 室内覆盖规划方法[J]. 电信网络技术，2016 (11).

［34］Roya H. Tehrani, Seiamak Vahid, Dionysia Triantafyllopoulou, et al. Licensed Spectrum Sharing Schemes for Mobile Operators: A Survey and Outlook[J]. IEEE Communications Surveys & Tutorials, 2016,18(4).

［35］TAN H F, LI W, WANG T, et al. The Analysis on the Candidate Frequency Bands of Future Mobile Communication Systems[J]. China Communications, Supplement Issue, 2015,12(1).

［36］Konstantinos Chatzikokolakis, Panagiotis Spapis, Alexandros Kaloxylos, et al. Toward Spectrum Sharing: Opportunities and Technical Enablers[J]. IEEE Communications Magazine, 2015,53(7).

［37］赵楠，武明虎，周先军，等. 基于频谱合约的协作频谱共享方法[J]. 计算机应用，2015, 35(7).

［38］Fa-Long Luo. Signal Processing Techniques for 5G: An Overview[J]. ZTE Communications, 2015(1).

［39］吴栓栓. D2D 在 5G 网络中的应用[J]. 中兴通讯技术，2015(2).

［40］王兴军，程云笛，黄星煜. 聚焦"白频谱"：国外的管理法案与标准概览[J]. 电视技术，2014，38(17).

［41］Jeffrey G.Andrews, Stefano Buzzi, Wan Choi. What will 5G be?[J]. IEEE Journal on Selected Areas in Communications, 2014, 32(6).

［42］王彬，陈力. 在 LTE-Advanced 网络下的 Device-to-Device 通信[J]. 现代电信科技，2010(7).

［43］邢朋波. 全双工大规模 MIMO 系统的频谱与能量效率研究[D]. 山东：山东大学，2017.

［44］张玉佩. 面向 5G 移动通信网络的全双工性能分析研究[D]. 北京: 北京邮电大学, 2018.

［45］史俊潇. 多网协同的移动通信频谱重耕策略研究[D]. 杭州: 杭州电子科技大学, 2016.

［46］WANG F, KRUNZ M, CUI S. Spectrum Sharing in Cognitive Radio Networks[A]. IEEE INFOCOM 2008 - The 27th Conference on Computer Communications[C], Phoenix, AZ, USA, 2008, 4.

［47］Qualcomm Technologies, Inc. Progress on LAA and its relationship to LTE-U and MulteFire[R]. 2016,2.

［48］IMT-2020（5G）推进组. 中国 5G 试验的成果汇总（第一阶段）（R）. 2016, 9.

［49］Atoll 入门操作手册—5G NR 技术[M]. Forsk China.2018, 12.